学校では教えてくれなかった算数

ローレンス・ポッター

谷川漣=訳

草思社文庫

MATHEMATICS MINUS FEAR
by
Lawrence Potter

Original English language edition first published
by Penguin Books Ltd., London
Text copyright © Lawrence Potter 2006
The author has asserted his moral rights
All rights reserved

Japanese translation published by arrangement
with Penguin Books Ltd.
through The English Agency (Japan) Ltd.

学校では
教えてくれ
なかった
算数

目次

はじめに　9

第1部｜数を数え、暗算し、筆算するまで　11

1　4以上数えられるなんて、天才！　12
2　十進法じゃない数えかた？　17
3　算数嫌いは卒業できない？　22
4　足し算・引き算を暗算でするかんたんな方法　24
5　掛け算・割り算に進んで　27
6　数字の書き方と筆算　35
7　くり上がりとくり下がりの「アルゴリズム」　46
8　掛け算の筆算のやりかたは1つじゃない　51
9　割り算の筆算　手順には意味がある　58
10　計算にまちがいがないか確かめる方法　66

第2部 | 比例計算から分数、百分率まで　　　　71

1　美しい比例関係「黄金比」　　　　72
2　いにしえの比例計算法「黄金律」　　　　76
3　単純に比例しそうで比例しないものもある　　　　83
4　少し難しい比例の計算　　　　86
5　ピザ4枚の8等分はピザ半分　　　　93
6　エジプト人が分数を使うときの変わったルール　　　　95
7　「分子と分母に同じ数を掛ける」の意味　　　　97
8　折り紙で納得！　分数の足し算・引き算　　　　101
9　折り紙で納得！　分数の掛け算・割り算　　　　104
10　小数の発明と、小数点をめぐる争い　　　　109
11　小数どうしの掛け算・割り算　　　　115
12　パーセントを扱うときのルール　　　　124
13　百分率の使い方　利息計算　　　　127
14　早くお金持ちになる方法　複利計算　　　　131
15　10％増の10％減はもとと同じじゃない？　　　　138

第3部 | x の使い方から二次方程式まで　143

1 存在しうるすべての数を表す x の使い方　144
2 方程式の左右両辺に同じことをする　148
3 式のなかの「括弧をはずす」ことの意味　158
4 連立方程式の古代バビロニア式解法　161
5 連立方程式を「常識」を使って解こう！　165
6 男子生徒たちの小競り合い　169
7 x だけでなく a, b, c も使った成果　173
8 図を使って二次方程式を解く方法　178

第4部 | サイコロばくちから生命保険まで　183

1　「確率は人生の導き手」なんて期待しすぎ　184
2　確率研究の始まりはばくちに勝つため　190
3　確率には数学者もだまされる？　195
4　「確率の父」が考えた賭け金の分配法　202
5　降水確率の正しい使い方　208
6　「袋に赤い玉3個と青い玉5個が…」　215
7　確率をゲームで使ってみよう　222
8　カジノで負けを少なくする方法　228
9　「大数の法則」 テーブルは消滅するか？　236
10　生命保険の値段を決める方法と統計　242

おわりに　248

訳者あとがき　251
パズルの答え　255

この本を、まだ小さな小さな、ジーナに捧げる。

はじめに

　学校。だれもが忘れられない場所だ。さまざまな喜劇や悲劇の演じられた舞台として、一生頭にこびりついて離れない。数々の儀式。教師たちの奇妙な専制。「起立、礼、着席」「ポケットから手を出して」「静かに」「スカートはひざ丈より長く」「ガムをゴミ箱に捨てて」。巨大な大人の手が、ばんと机をたたく。真っ赤な顔が「話を聞きなさい」とどなる。そしてテスト。試験。成績。レポート。

　なかでも記憶に残る数学の時間。そこで待ちうけるのは、できない生徒をさらし者にするために考え出された質問の連射。生徒たちはしかたなくノートを開き、計算につぐ計算で行を埋めつづける。だれのひたいにもしわが寄り、苛立たしげなため息が同じ無言のメッセージを伝えている——「わからないよ」

　数学の先生は、この小さな世界を支配する専制君主だ。彼はつぎつぎ問題を出し、赤ペンをさっさっとすべらせて、生徒たちの苦労の成果を切って捨てる。そして難解な説明を黒板に書きなぐったあと、生徒たちが何やら神秘的な力を発揮して、目の前の紙きれの問題を解いてみせるのを期待する。

　そんな環境だけでなく、クラス全体の雰囲気も、生徒

たちに影響をおよぼす。答えをまちがえたときの恐怖を思うと、生きのびるための最善の策は、沈黙しかない。だからいつも眉間にしわを寄せ、本の上に頭をうつむけている。先生と目が合うのが怖くて、決して視線をさまよわせようとはしない。

　もしあなたが、自己不信のために声を失った、そんなもの言わぬ生徒のひとりだとしたら、この本はあなたの本だ。たとえあなたが、腕時計に日光を反射させて、前のほうにいるニキビだらけの子の目をくらませることに熱心な生徒だったとしても、この本は実際にためになるだろう。

　この本は、学校の数学が難しいと感じていた人たちのための、一種のセラピーである。どうかあなたも、進んでこのセラピーに参加してほしい。そうすれば、学校でよくわからず、数学という教科そのものが残酷な冗談だと思いこむきっかけになった事柄が、あらためて理解できるようになるだろう。遠い昔の記憶を探り、何年も前に捨てられたノートに書き写したはずの規則を思い出そうとしなくてもすむ。そして自分に投げかけられる問題をかならず理解し、解くことができるという新たな自信を得て、数学の世界に向き合えるようになるはずだ。

第 **1** 部

数を数え、暗算し、

筆算するまで

4以上数えられるなんて、天才！

パズル 1　郵便配達の係は3日ごとに1回、牛乳配達の係は4日ごとに1回、警察官は5日ごとに1回やってきます。あるとき、3人がまったく同じ日に現れました。それは最初の日から何日目のことですか？（パズルの答えはこの本の最後にあります）

　初めてこの世に生まれてきたとき、あなたは何も知らなかった。べつに侮辱しているつもりはない。だれも自分が生まれた直後のことなど覚えていないが、外界の新しい空気を吸えるだけでも、喜ばしいことだったはずだ。それから世界とのやりとりの結果、少しずついろいろなことを理解しはじめる。1人のおばさん、2人のおばさん、3人のおばさん、4人のおばさんにちがいがあることを知る。この人たちがおかしな声を出したり、あなたに接近して気を散らそうとしても、たしかにその区別はつく。ところがそれ以上の数のおばさんになると、もう多すぎる。場合によっては、10人とか、15人いることもある——とても区別はつけられない。

　なんらかの手助けがないかぎり、人間の頭が自然に数学を取り入れるのは、そこまでが限度だ。ごくまれにだが、ほかの人間と接触することなしに成長した子どもが見つかることがある。そうした子は野生児と呼ばれ、も

し発見が早い段階でなければ、その子が数を理解する能力には限界が生じる。そのまま思春期まで達してしまうと、1つ、2つ、3つ、4つまではうっすらとものの区別がつけられるが、それ以上の進歩はまず見られなくなる。

　この状態は、非常に賢い動物が到達できるのとちょうど同じ段階だ。カラスやカササギといったある種の鳥も、天性の数学者といえる。もしあなたに、鳥の卵を集め、きれいにラベルを貼ってガラスケースに入れておく趣味があるなら、かわいそうな母鳥に不必要に残酷な仕打ちはしないよう心にとめておいてほしい。卵が4個以下の巣を襲ってはならない。お母さんカササギには、未来のひなが1羽消えてしまったとわかるだろうからだ。

> **パズル 2**　刑務所に入れられた囚人が8人います。彼らは、ふつう1部屋に1人ずつ、下の図のように配置された部屋で服役します。
>
> もし服役態度がよければ、1部屋に2人まで相部屋になることが許されます。しかしその場合は、正方形の形をした刑務所のどの1辺にも、囚人が4人ずついるようにしなければなりません。囚人

…はどの部屋に何人はいればいいでしょうか？

　動物界のことはさておいて、人間の場合にも、その先まで進んでいないような文明は実際に存在する。野生児とはちがって、ちゃんと言語は発達しているが、総じて数は「1」と「2」しか扱えないのだ。「3」や「4」は「2・1」、「2・2」と表現することで処理できるが、それより大きな数になると？　ブラジルの熱帯雨林にはボトクドと呼ばれる人々が住んでいるが、彼らはおそらく自分の頭を指さして、少し残念そうな顔をしてみせるだろう。これはボトクド族の知性がどうのという話ではない。ひとりひとりは完全に有能な人たちだ。ただ、彼らは4より大きな数を必要としていないのである。
　人間が「4」の概念を超えられないという証拠はいたるところにある。たとえばローマ人は、4番目の息子までしか、まともな名前をつけなかった。5番目の息子はかならずクイントゥス（「5番目の」）と呼ばれ、6番目の息子はセクストゥス（「6番目の」）、7番目はセプティムス（「7番目の」）と呼ばれた。同じように、初期のローマ暦（10の月しかない）でも、最初の4つの月の名前はそれぞれの順番とは無関係だが（マルティウス、アプリリス、マイウス、ユニウス）、残りの月は何番目という数にちなんだ名前をもつ（クインティリス、セクスティリス、セプテンベル、オクトベル、ノウェンベル、デケンベル）。その後、ヤヌアリウス（1月）とフェブルアリウス（2月）が加えられ、さらにクインティリス

とセクスティリスは、皇帝のユリウス・カエサル、アウグストゥスにちなんで、ユリウス、アウグストゥスに変えられた。

ところで、例のボトクド族は、4より大きな数の概念をもたずにどうやっていろいろな物事を把握するのだろう。もしコンゴウインコの巣に9つの卵を見つけ、朝食用に家へ持って帰ろうと決めた場合、どうなるのか？ 8と9の区別がつかないのなら、帰り道で1個落としていないことをどうやって知るのだろう？

ボトクド族はこの種のことを完璧に処理できる。道具を使って数を記録するのだ。たとえば、卵1個に対し、小石を1個拾うか、ひもに1つ結び目を作るか、棒に1つ切り目を入れるかする。そして家に帰ったとき、卵を1個取り出すごとに、小石を1個捨てるか、結び目を1つほどくか、切り目を1つつぶしていく。こんなふうにして彼らは、自分たちの持ち物を把握し、「1」という数を確実に取り扱う。それぞれの卵は「1」であり、彼らはなんでもそのときいちばん手ごろな方法でその1を記録するのだ。

実をいうと、数を記録する最も一般的な方法のひとつは、自分の体を使うことだ。どの部族も、体のさまざまな場所に、独自に順番をつけている。たとえばボトクド族の女性は、1個目の卵を袋に入れるとき、左手の小指に触れる。2個目の卵のときには左手の人差し指に触れる。そんなふうにして、最初の5個の卵に左手の指をすべて使う。6個目の卵のときは、左手の手首に触れ、7

個目のときは左のひじに、8個目のときは左の肩に、9個目のときは左の胸に触れる。それから家に帰り着くと、卵を1個取り出すごとに、この手順をくりかえす。そして最後に左の胸を指せば、1個も落とさなかったことが確かめられる。

　ひどく原始的なやりかたに思えるかもしれないが、優越感にひたるのはやめたほうがいい。道具を利用して数を記録する方法は、古くからわたしたちにも縁のあるものなのだ。1828年まで、イギリスの大蔵省は割符（刻み目をつけた棒）を送付することで税金の請求を行い、その割符を領収書として国会議事堂の地下にしまっていた。1834年にこの方式が廃止されると、政治家たちは割符をすべて燃やすことを決定した。ところが不運にも火のまわりが早く、誤って国会議事堂まで焼け落ちてしまった。

　そういうことなのだ。月齢18カ月になるころには、あなたはすでに、多くの文明が達したのとまったく同じレベルにいる。お母さんやお父さんに、指を使ってものを数えるよう（ボトクド族とまったく同じに）教えられたとたんに、あなたはこの星の多くの住人が知らない領域に足を踏み入れることになる。あなたはちょっとした天才なのだ。そしてもうまもなく、騒々しい9人のおばさんたちに向かって、頼むからそっとしておいてと言えるようになるだろう。

パズル 3

1、2、3、4、5、6、7、8、9の数字を○のどれかに書き入れ、三角形のそれぞれの辺にある数の和が 20 になるようにしなさい。ただし同じ数字を二度使ってはいけません。

2 十進法じゃない数えかた？

4を超えて数えるのは、ただの始まりにすぎない。あなたが数を数えはじめれば、まもなく無限の数が存在する世界に足を踏み入れることになる。最初のいくつかの数に特別な名前をつけるのは、まったく問題ない。だが新しい名前を際限なく考え出すわけにはいかないし、かりにそうしたところで、すべて覚えることはできないだろう。ローマ人が息子の名をつけるのに少し似ている——しばらくすると、オリジナリティを出そうとするのをあきらめるのだ。

そしてつぎに取り組むべき問題は、そうした数を扱うのに使われている方法を理解することだ。ほとんどの人たちは十進法と呼ばれる方法を使っている。0から9までの数を表す言葉を考え出し、さらに10の累乗を表す言葉も考え出した（日本にも十、百、千、万と、同じ言

葉がある)。そして0から9までの数を表す言葉と10の累乗を表す言葉を組み合わせることで、どんな数でも表すことができるのだ。たとえば324という数は、「三百 二十 四」になる。

> **パズル4**　3人の清掃作業員がいます。ある日、彼らはさまざまな量のゴミの詰まったたくさんのゴミ箱が公道をふさいでいるのを見つけ、それをどかさなければならなくなりました。だれもほかの2人よりよけいに多く働かないことが何より大事なので、3人は平等に仕事を分担しようとします。数えてみると、ゴミ箱は60個あり、そのうち完全に一杯なのが20個、半分入っているのが20個、まったく空っぽなのが20個でした。仕事を分担し、みんな同じ数のゴミ箱と同じ量のゴミを運ぶようにするには、どうすればいいでしょう?

なぜ人はこんな数えかたをすると思われるだろうか。

その質問に、短く答えてみよう。指だ。人の指はものを数えるための、最も自然な道具である。そしてある時点で、人は指を記録用の道具に使う(ボトクド族のように)のをやめ、数と結びつけるようになった。

この質問には、長い答えもある。実のところ、だれもがそんな数えかたをするわけではない。大多数の文明では十進法が使われてきたものの、別の記数法を使っている例はいくらもある。これは驚くべきことだと感じられるかもしれない。わたしたちの考える数や数の使い方は

まったく自然に思えるので、この世界に自然に存在するものでないとはなかなか信じられないのだ。だが、数を体系的に記すために選べる方法は無数にあり、十進法はそのうちのひとつにすぎない。もし人間の指が10本ではなく8本だったとしたら、わたしたちは八進法を使うだろうし、それでまったくなんの問題もないだろう——ピアノがうまく弾けないという点だけをのぞけば。

これは決して仮定の話ではない。十進法以外に、特に使われることの多い記数法は、二十進法だ。マヤ族もイヌイットも二十進法を使っていた。おそらく、手の指と足の指を使って数えていたからだろう——靴をはかずにそんなことをするイヌイットがいるかどうか、よくは知らないが。

パズル 5　クリスマスの日、あなたはプレゼントの包みを詰めた袋を手に帰宅しました。あなたには小さないとこが5人いて、みんな獲物を虎視眈々と狙っています。1人目のいとこは、袋のなかのプレゼント半分と、さらにもう1個の包みをとっていきました。残った包みを手にそう歩かないうちに、2人目のいとこと出くわし、またプレゼント半分とさらに1個をとられました。よろよろ進んでいくと、3人目のいとこが現れ、やはり半分と1個をとっていきました。4人目のいとこ、5人目のいとこも、それぞれ同じことをします。ぼろぼろに疲れきったあなたは、やっと居間にたどりつきますが、そこには義理のお母さんが、自分へのプレゼントを期待して待ちかまえていました。あなたは1個だけ

残っていた包みを彼女に渡します。初めにもっていたプレゼントは何個でしょう？

　二十進法が生きている場所は、いまもまだ存在する。風の吹きすさぶイギリスの荒地の真ん中で、謎めいた地元民にこうたずねるとしよう。いちばん近いパブまではどのくらいの距離か、と。すると相手はこう言うかもしれない。「2スコア・マイルと10だ」これはつまり、あなたやわたしには50ということだ（20を示す「スコア」という言葉は、聖書の時代から使われている。当時の人間の平均寿命は「3スコア年と10」、つまり70年と言われていた。この言葉は、数を記録するための古い方法からきている。数が20までくると、割符の棒に特別に大きな切り目、つまりスコアをつけるのだ）。同じように、あるフランス人に80個の玉ねぎがほしいと言ってみよう。すると相手は、あなたがかの国の野菜をそれほど大量に必要としていることに驚き、眉を吊りあげてこう言うだろう。「クアトレ-ヴァン？」これは、「20が4つ？」という意味だ。そう、どちらも二十進法を使っているのである。

　両手の指で数えることから十進法が生まれ、両手両足の指で数えることから二十進法が生まれたように、いくつかの文明で発達した五進法は、片手だけで数えることから生まれた。西アフリカのフルベ族がどのように数を扱っているかを紹介しよう。通常の生活を送るうえでは、申し分なく気のきいた方法だ。

まず、フルベ族には、1から4までの数を表す特別な名前がある。なるべく話をかんたんにするために、とりあえずこの名前を、ただの「一」「二」「三」「四」に置き換えよう。5の累乗（5、25、125など）にも特別な名前がある。そっちはこう呼ぼう——5は五、25は「ハイ五」、125は「ジャクソン五」。この方法を使えば、なんでも好きな数に名前をつけられる。

　たとえば、「三百三十九」という数を考えてみよう。わたしたちがこの数にそういう名前を与えるのは、これが3つの百、3つの十、9つの一でできていると考えるからだ。しかしフルベ族は、この数がそんなふうにできているとはまったく考えなかった。フルベ族はそれを見て、ジャクソン五が2つ、ハイ五が3つ、五が2つ、一が4つでできていると考え、まさしくそのとおりの名前で呼んだのだ。この考えかたには裏づけがある。なんのまちがいもない。すべて足せば、ちゃんと339になる。ただ、同じ数をちがった見かたで見ているというだけだ。

パズル 6

a　つぎのフルベ族の数を、わたしたちの数に直すとどうなりますか？
「ジャクソン五が4つ、ハイ五が3つ、五が2つ、そして1」

b　つぎのわたしたちの数を、フルベ族の数に直すとどうなりますか？
「四百七十三」

3 算数嫌いは卒業できない？

パズル 7

A、B、C、D、E、F、Gのそれぞれの文字は、1、3、4、5、6、8、9のどれかの数字を表しています。以下の情報から、どの文字がどの数字を表しているか答えなさい。

A+A=B　　A×A=DF　　A+C=DE
C+C=DB　　C×C=BD　　A×C=EF

わたしは自分の暗算能力を向上させるために、世間の人たちが実生活で数を扱うのにどんなテクニックを使っているか知ろうとしたことがある。具体的には、サウスロンドンのスーパーマーケットの外に立って、いろいろな人たちに声をかけ、暗算の問題を解いてもらおうとしたのだ。ある日の午後の、ほんの2、3時間のあいだだったが、そのあいだにたくさんのことを学んだ。なかでも最も大事な点は、何ひとつ学校時代と変わってはいないということだった。だれも成長していない。何もかもまったく同じなのだ。

あなたが小学生だったころ、暗算のテストで満点をとってガッツポーズをし、「おれって天才？」と叫んだ男の子の記憶はないだろうか？　あげくに彼は調子に乗って、とびきり難しい掛け算の問題を出してくれと先生に要求してはいなかったか？　あるいはひとつ質問される

たびにどんどん真っ赤になり、しまいにはヒステリックに笑いだして、教室を出ていくしかなくなった女の子は？　いささか高すぎる自己評価におぼれ、先生に指されているわけでもないのに、まちがった答えを叫ぶ男の子はいなかったろうか？　そのとき実際に指されている女の子は、当人なりにがんばろうとするが、やがて男の子のほうに怒りを向け、男のくせにうるさいわねと食ってかかりはしなかったろうか？　そう、今もあの子たちはみんないるのだ。スーパーマーケットの外に立ってみればよくわかる。

　登場人物たちがあのころと同じというだけではない。計算するときの態度もまったく同じだ。みんな自分が正しい答えを出せたかどうか、憑かれたように知りたがる。調査が終わってから、自分の点数を教えてほしいと言ってくる人たちもいた。ある男性などは、30分後にまたもどってきて、さっきの9問目が解けた、答えは9だと言った——その答えはまちがっていたのだが。

　公の場所で計算をさせられると、多くの人が落ち着きをなくす。学校の数学なんてばかばかしいだけだと言いながら、問題に答えようとする人たちのまわりで、おそろしげに眺めている人たちもいた。ある女性など、暗算で割り算をやってほしいとわたしが言うと、文字どおり逃げ出してしまった。たぶん古い傷口をこじあけてしまったのだろう。申しわけないことをしたと思う。

足し算・引き算を暗算でする かんたんな方法

　延々と続く買い物カートの列の横で過ごしたあの日の午後を振り返ると、ほとんどの人は暗算で足し算や引き算をするとき、紙の上と同じやりかたをしていた。76＋22という計算なら、2と6を足して8、それから7と2を足して9、というぐあいに、98という正解にたどりつく。同じように、76－24を計算するときは、6から4を引き、そして7から2を引いて、52という正しい答えを出すのだ。

　ところが「くり上がり」や「くり下がり」を頭のなかで処理するとなると、話はいささかややこしくなる。いま例にあげた計算とくらべて、59＋64や74－29といった計算はあきらかに難しい。一部の人たちは、こうした問題に取り組むのに別の方法を考え出した。これはあなたにも役立つのではないかと思う。最も一般的なやりかたは、足し算や引き算に出てくる2つめの数を細かく分け、段階に分けて計算を行うことだ。59＋64なら、64を60と4に分けて、以下のように計算する。

　　　$59+60=119$　そして　$119+4=123$

　あるいは、

　　　$59+4=63$　そして　$63+60=123$

　同じように、引き算の74－29でも、29を20と9に

分けることができる。つまり、

$$74-20=54 \quad そして \quad 54-9=45$$

あるいは、

$$74-9=65 \quad そして \quad 65-20=45$$

こうした例ではすべて、それぞれの段階が、もとの計算よりやさしくなっている。

パズル 8　4人の子どもがイースターエッグ探しに参加しました。子どもたちは全部で45個のチョコレートを見つけましたが、それぞれの子が手にした数はばらばらでした。A君の見つけたチョコレートの数に2個足し、B君の見つけた数から2個引き、Cさんの見つけた数を2倍し、Dさんの見つけた数を半分にすれば、それぞれの数は同じになります。それぞれ何個のチョコレートを見つけたのでしょう？

もうひとつのコツは、同じタイプの考えかたを別の方法で利用することだ。7、8、9といった数を好んで扱いたがる人はいない（前にも触れたとおり、ほとんどの文明はそういった数が存在することも知らなかった）。人（およびカササギ）はだれでも、1、2、3を扱うほうがずっと好きなのだ。だったら、その強みを活かそうではないか。足すか引くかして、10の倍数にしてしまえば、計算はずっとかんたんになる。

つまり、59 + 64 の場合は、

> まず、64 から 1 を借りてきて 59 に足し、60 にする　(59 + 1 = 60)
> つぎに残りの 63 を足す　　　(60 + 63 = 123)

38 + 23 の場合は

> まず、23 から 2 を借りて 38 に足し、40 にする　(38 + 2 = 40)
> つぎに残りの 21 を足す　　　(40 + 21 = 61)

74 − 29 の場合は

> まず、両方の数字から 4 を引く。74 は 70 になる　(74 − 4 = 70)
> つぎに残りの 25 を引く　　　(70 − 25 = 45)

あるいは、9 や 8 を扱うときに、ひとまず完全に無視してしまってもいい。

> 59 + 64 の場合
> 60 + 64 を計算する　　(60 + 64 = 124)
> つぎに 1 を引く　　　(124 − 1 = 123)
>
> 38 + 23 の場合
> 40 + 23 を計算する　　(40 + 23 = 63)
> つぎに 2 を引く　　　(63 − 2 = 61)
>
> 74 − 29 の場合

74 − 30 を計算する　　(74 − 30 = 44)
つぎに 1 を足す　　　　(44 + 1 = 45)

パズル9

a　あなたは釣りに出かけ、午前中は虫をエサに使い、28 匹釣り上げました。午後になるとダイナマイトを使い、76 匹の魚をとりました。全部で何匹とったでしょう？

b　あなたは煙草の煙のたちこめるパブで、ダーツの的をにらんでいます。あなたのガールフレンドはこのゲームをやるのは初めてで、これまでの得点は 74 ポイントです。あなたはずっと腕利きのアマチュアを自負していましたが、まだ 48 ポイントしかとれていません。彼女に追いつくにはあと何ポイント必要でしょう？

5 掛け算・割り算に進んで

というわけで、暗算による足し算と引き算はマスターできた。しかし掛け算となると、さらにやっかいなことになる恐れがある。何世紀も前から、人は掛け算を避けようとしてきた。バビロニア人や古代エジプト人は、一流の学者たちに巨大な乗算表（いろいろな数の掛け算の答えが書かれた一覧表）を作らせ、掛け算で頭を悩ませずにすむようにした。ほかにもたくさんの文化が、掛け算を避けるための方法を編み出している。

たとえば、かりにあなたが 7 × 9 という計算の答えの

出しかたを知らないとしよう。両手を目の前に出して、手のひらをこちらに向け、指を折っていってほしい。まず右の手で、計算に出てくる最初の数から5を引いた数だけ指を折る（この場合は2本）。つぎに左の手で、2つ目の数から5を引いた数だけ指を折る（この場合は4本）。それから左右の折った指の数を足し合わせて、そこに10を掛ける。さらに右手の伸ばしたままの指の数に、左手の伸ばしたままの指の数を掛ける。そしてその2つの答えを足す。そうすれば、もとの問題の答え（63）になることがわかるだろう。これは世界じゅうで何世紀ものあいだ、まっとうで正直な人たちが折にふれて行ってきた方法だ。しかしミュータントでもないかぎり、10より大きな数の掛け算になったとたん、このやりかたは破綻（はたん）する。折る指が足りなくなってしまうからだ。

　いくら頭のいい仕掛けを考え出したところで、掛け算からいつまでも逃れつづけることはできない。だから、不愉快な事実はさっさとやり過ごすのがベストだ。何よりもまず大切なのは、九九はかならず覚えなければならないということ。わたしが勝手にそう言っているわけではない。暗黒時代のあと、初めて西欧に算術を紹介した数学者のひとりであるニコラ・シュケが、すでに1484年、『数の学の三部』という本のなかでまったく同じことを言っているのだ。

パズル 10　ある農夫が、すでにもっている6本の鎖から、30個の環からなる鎖を作ろうとしています。6本

> の鎖は、それぞれ5個の環でできています。1個の環を切って開くには8セントかかり、また溶接しなおすには18セントかかります。新しい30の環からなる鎖を買えば、1ドル50セントの出費になります。安く鎖を手に入れる方法はどちらでしょうか？ またいくらの節約になりますか？

いったん九九を覚えてしまえば、さらに難しい掛け算を、やりやすいステップに分けることが可能になる。最も一般的な方法は、計算に出てくる数のうち、ひとつを分割することだ。

たとえば、16×4（「4のまとまりが16個」）は、(10×4) + (6×4)（「4のまとまりが10個」足す「4のまとまりが6個」）と同じだ。だから、

$$16 \times 4 = (10 \times 4) + (6 \times 4) = 40 + 24 = 64$$

このもとの計算は、ふつうの九九の範囲を超えている。だが、その計算を2つの掛け算に分けることで、あなたの知っている九九のパターンを利用できたり、すばやく計算できたりする。

同じように、28×6（「6のまとまりが28個」）は、(20×6) + (8×6)（「6のまとまりが20個」足す「6のまとまりが8個」）と同じだ。だから、

$$28 \times 6 = (20 \times 6) + (8 \times 6)$$
$$= 120 + 48 = 168$$

掛ける数と掛けられる数を入れかえると、うまくいく

ことが多い。5×24（「24 のまとまりが 5 個」）は 24×5（「5 のまとまりが 24 個」）と同じ。だとすれば、24×5（「5 のまとまりが 24 個」）は、(20×5) + (4×5)（「5 のまとまりが 20 個」足す「5 のまとまりが 4 個」）と同じ。だから、

$$5 \times 24 = 24 \times 5 = (20 \times 5) + (4 \times 5)$$
$$= 100 + 20 = 120$$

この「分ける」方式は、さらに難しい掛け算にも応用できる。頭のなかでもっと扱いやすいものに変えてやればいいのだ（ときにはうまくいかないこともあるが）。

たとえば、17×13 は (10×13) + (7×13) になる。あるいは、掛ける数と掛けられる数を入れかえれば、17×13 は 13×17 と同じなので、13×17 は (10×17) + (3×17) になる。しかしこれだと、数がいささか大きくなってくる。

> **パズル 11** あるポテトチップの箱は 43 枚入りです。あなたはそれを 5 箱もっています。そして最初の箱を開けて食べはじめます。それからしばらく記憶がありませんが、30 分たって気がついてみると、まわりの床じゅうに空き箱とかけらが散らばり、ポテトチップはなくなっていました。あなたは何枚のポテトチップを食べたのでしょう？

また、特定の問題にはうまくいくような、別のやりかたもある。たとえば、19×4 という計算の場合、20×4

の答えを出し、そこから 1×4 を引けばいいのだ。

$$20 \times 4 = 80$$
$$19 \times 4 = 80 - 4 = 76$$

同じように、48×6 を計算するよりも、50×6 を計算し、そこから 2×6 を引いたほうが、かんたんに答えを出せる。

$$50 \times 6 = 300$$
$$だから \quad 48 \times 6 = 300 - 12 = 288$$

もうひとつ役に立つのは、2倍増のテクニックを使うことだ。たいていの人は、それがごく自然な手順だと感じるだろう。

たとえば、4×18 は、18 を 2 倍し、さらに 2 倍するのと同じだ。

$$4 \times 18 = 2 \times (2 \times 18) = 2 \times 36 = 72$$

4×24 は、24 を 2 倍し、さらに 2 倍するのに等しい。

$$4 \times 24 = 2 \times (2 \times 24) = 2 \times 48 = 96$$

そして 8×16 は、16 を 2 倍し、また 2 倍し、さらに 2 倍するのに等しい。

$$8 \times 16 = 2 \times [2 \times (2 \times 16)]$$
$$= 2 \times (2 \times 32) = 2 \times 64 = 128$$

掛け算を見捨てて遠く離れてしまう前に、ひとつだけ

言っておきたい。17×13 は、(10×10) + (7×3) ではないということだ。一見そう思えるかもしれないが、実はちがう。そのことを示すには、横 17 メートル、縦 13 メートルの畑の面積を求めようとしてみればいい。この畑の面積は、17×13 を計算すれば出せる（そう、暗算で、これまでに紹介したどれかの方法を使って）。だがこの問題を複雑にしたければ、畑を 4 つの区画に分け、それぞれの面積を計算することもできる。こんなふうに。

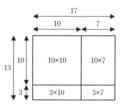

この図を見れば、17×13 は (10×10) + (7×3) ではないことがわかるだろう。それは全体の一部でしかない。17×13 は、(10×10) + (10×7) + (10×3) + (7×3) だということがわかる。

パズル 12　チェスを発明したのは、シサ・ベン・ダヒルなる人物だといわれています。インド王シーラムはいたく感銘を受け、望みのままにほうびをとらせる、何がいいかと聞きました。するとシサは、チェスのボードの 1 つめのマス目に 1 粒の穀粒を置き、2 つめのマス目には 2 粒の穀粒、3 つめのマス目には 4 粒の穀粒、4 つめのマス目には 8 粒の穀粒、というぐあいに続けていき、最後のマス目まで置いた

すべての穀粒がほしい、と答えました。王は彼の欲のなさに驚いたのですが、シサが実際に要求した穀粒はどれだけでしょう？

さて……いよいよ割り算だが。割り算はだれにとってもいい友だちではない。だから、あまり長々と話すのはやめよう。ただ、これだけは言っておきたい。割り算とは、掛け算を逆さにしたものだということだ（もちろんそれだけではないが）。たとえば、63÷9 は「9 に何を掛ければ 63 になるか？」という問題と同じである。72÷8 は「8 に何を掛ければ 72 になるか？」と同じで、132÷12 は「12 に何を掛ければ 132 になるか？」に等しい。さらに 189÷9 は「189 のなかに 9 のまとまりはいくつあるか？」と言いかえられる。そんなふうに考えれば、割り算であまりひどく頭を悩ませずにすむようになるはずだ。

また、割り算は掛け算と結びついているので、同じようなコツが使える。つまり、数を分割してしまえばいいのだ。

228÷4 は （200÷4+28÷4） と同じ
228÷4 = (200÷4) + (28÷4) = 50 + 7 = 57

642÷6 は （600÷6+42÷6） と同じ
642÷6 = (600÷6) + (42÷6)
 = 100 + 7 = 107

あるいは、半分にして、さらに半分に割ってもいい。

228÷4 は、「228 を半分にして、さらに半分に割ったもの」
228÷4 = (228÷2) ÷ 2 = 114÷2 = 57

184÷8 は、「184 を半分にして、さらに半分にしたものを、さらに半分に割ったもの」
184÷8 = [(184÷2) ÷ 2] ÷ 2 = (92÷2) ÷ 2 = 46÷2
 = 23

あるいは、割り算を2つの段階に分けてやることもできる。216÷12 を計算するなら、216 を 2 で割り、その答えを 6 で割ればいい。

216÷12 = (216÷2) ÷ 6 = 108÷6 = 18

そして 336÷8 を計算するなら、まず 336 を 2 で割り、その答えを 4 で割ればいい。

336÷8 = (336÷2) ÷ 4 = 168÷4 = 42

しかし総じていえば、割り算は紙とエンピツを使ってやるのがいちばんだろう。

数字の書き方と筆算

筆算の歴史は長く複雑で、前の章でも触れたことだが、どんな社会でも、複雑な数の問題に取り組めるようになるまでには、数千年の時間が経過している。そんなのかんたんだよ、などとは、だれにも言えはしないのだ。

キリストが生まれたころ、数を記録する最も一般的なやりかたは、ギリシアの記数法だった。ギリシア人はギリシア文字を使って、1から9までの数に文字をひとつずつ割り振り、さらに10から90までの数にも10ごとに文字を割り振った。悲しいことに、そこで文字が尽きてしまったので、古い文字をひっぱりだしたうえ、フェニキア文字からもいくつか拝借して、残りの数に割り当てた。

この記数法を使えば、1がα（アルファ）、2がβ（ベータ）、9がθ（シータ）、10がι（イオタ）、20が$\varkappa$（カッパ）、100がρ（ロー）、200がσ（シグマ）となる——これはほんの一部の例だ。これらの文字を組み合わせれば、999までのすべての数をつくりだすことができる。たとえば、112は$\rho\iota\beta$、229は$\sigma\varkappa\theta$、354は$\tau\nu\delta$になる。

さらに大きな数でも、完璧に対応可能だ。ギリシア人はまた、1000を表す記号（／）、10000を表す記号（M）

もつくった。2000を表したければ、╱βと書き、20000を表したければ、Mの上にβと書く。

$$\overset{\beta}{\mathrm{M}}$$

　なかなか気のきいたやりかたのように思えるだろうが、残念なことに（実は幸運かもしれない――あなたの見かたしだいだ）、これでは計算がおそろしく煩雑になる。わたしたちが10種類の記号を扱うだけですむのに対し、ギリシア人は27種類も扱わなければならない。わたしたちが20に30を足すというときは、実質的には2と3を足すのと変わらないが、それはギリシアの記数法には当てはまらない。ギリシアの場合、2の記号と20の記号にはつながりがないのだ。結果としてギリシア人は、筆算ではなく、算盤を使う傾向が強まった。

　実のところ、彼らは総じて、計算に対してはひどく侮蔑的な態度をとった。ギリシアの哲学者や数学者には、計算の解きかたよりも、数のパターンのほうがはるかに興味深いものだった。そうしたパターンの背後に、宇宙の構造が隠れていると考えていたのだ。この種のことにはとにかく夢中で、宗教的といっていいほどののめりこみようだった。

　ピュタゴラス学派は、古代ギリシアの哲学者、数学者ピュタゴラスの学説を信じる一派である。ピュタゴラスは三平方の定理（$a^2+b^2=c^2$）を発見した人物として有名だ。ところが、これは厳密には事実でない。彼が表舞

台に登場するずっと前から、エジプト人はピラミッドを建てるのにこの定理を使っていたし、中国人は土地の測量に利用していた。とはいえ、ピュタゴラスとその学徒がこの定理を活用し、西洋世界に紹介したことはまちがいない。

ピュタゴラス学派によると、1 から 4 までの数は、この宇宙を構成する形に関連した特別な性質をおびている。1 は点、2 は線、3 は面、4 は立体だ。

10 は「完全な数」である。1、2、3、4——点、線、面、立体——の和は 10 になるからだ。

また、一部の数はよい数と考えられ、一部の数は悪い数と考えられていた。奇数は男性とされた。奇数個の点を 2 つずつ並べると、最後に残った点が 1 つ飛び出すという理由からだ。いっぽう偶数は女性とされた。偶数個の点を 2 つずつ並べても、飛び出す点はないからだ。

7は男性　　　　8は女性

そんな傾向をもつ人々だけに、ギリシア文字の表記法はまったく便利なものとして受け入れられた。数の値からある言葉や名前を割り出し、そこから結論を導き出せ

るということだからだ。この考えかたは数霊術と呼ばれる。かつては多くの文化に見られたし、今も残っている。数が何かしら特別な方法で真実を映すという神秘的な信念から生じるものだ。

なんだかあやしげな話に思えるかもしれないが、数にまつわるそうした思いこみをもっている人はいまだに少なくない。わたしたちは一般に、13を不運の数、7を幸運の数と考える。日本人は4という数が好きではない。四は「死」に通じるからだ。また、9も「苦」に通じるということで、やはり好まれない。その結果、日本のホテルでは、4と9がふくまれる部屋の番号は避けられる。だとすれば、新しいルノー4の発売など、不埒きわまる話だろう——ルノー「死」などという車のフロントシートに座って、落ち着いていられるはずがない。

数霊術に関して、もし熱心に取り組みさえすれば、何かしら結論をひねり出すことはできる。この分野で特に人気があるのは、聖書の黙示録に出てくる「獣」とはだれか（あるいは何か）を考えることだ。世界の終末の直前に、悪と恐怖を人類に広めると予言されている存在。あなたの家にお忍びでやってこないともかぎらないので、前もってその正体を見きわめることが重要になる。そのために使徒ヨハネは、くだんの獣にはサインがあるという有益な情報を伝えた。そのサインとは、数字の666だ。

一部の人たちは、このサインはなんらかの形でカムフラージュされているだろうと考える。なにしろこの獣は、恐怖をひそかに広めようとすると思われるからだ。その

正体を暴くには、数霊術がカギになるという。だが、そこでいささか疑念がわいてくる。すべてはサインをどう解読するかしだいだからだ。長年にわたって、さまざまな人たちがありとあらゆる相手を、ほとんど理由にもならない理由から、あいつこそが獣だと非難してきた。キリスト教徒たちは、ローマ皇帝のディオクレティアヌスが獣だと主張したが、それは彼のギリシア語名の文字を合計すると666になり、また彼が自分たちを迫害したという理由からだった。カトリック教徒たちは、マルティン・ルターが獣だと主張した。それは彼のラテン語名の文字の合計が666で、また彼が独自の教会をつくって対抗したためである。セブンスデー・アドベンチスト派は、ローマ法王が獣だと主張している。法王のある称号の文字の総和が666で、また自分たちがその宗教観にくみしないという理由からである。最近でいえば、その他の「獣」候補には、ヒトラー、チャールズ皇太子、ビル・ゲイツ、バイアグラ、ジョージ・ブッシュ・ジュニアなどがいる。

古代中国の風水術でも、数は大きな役割を果たしていた。風水師が使う主な道具に、『洛書(らくしょ)』の魔方陣と呼ばれるものがある。はるか紀元前21世紀までさかのぼる、中国のある伝説にもとづいたものだ。夏王朝の禹帝(かてい)が洛水のほとりを歩いているとき、聖なる亀に出会った。この亀の甲羅には不思議な模様があった。3×3の格子のなかに、1から9までの数を表す漢字が並んでいたのだ。亀の甲羅にある模様から、禹帝は魔法の数として15を

求めることができた。どの縦、横、斜めの列の数を足しても、15になるのだ。

4	9	2
3	5	7
8	1	6

　風水では、魔方陣は建物に当てはめられ、それぞれの数は人生のある領域を示す。さっきの数の配置を使えば、建物の南側（8、1、6に支配されている）は繁栄（8）と幸運（1）の領域だといえる。この情報はあきらかに、きわめて有益なものだ。たとえば、自分が世界のつぎの支配者になろうと企んでいるとき、どこに座ればいいかがわかる。

　中国人にとって、数は（ほかのあらゆるものと同様）陰と陽の性質をおびている。偶数は陰で、奇数は陽。総じていえば、陽の数のほうが陰の数よりも望ましい。8は中国人にとって特に縁起の悪い数である。陰の数のなかでも「最も陰である」、つまり最も不運な数であるからだ。裏を返せば、あなたがどん底にいて、あとは上にあがるだけというとき、8の数には運勢を変える可能性があるということになる。

　見てきたとおりギリシアの数は、隣人がキリストの敵かどうかを見きわめようとする場合には、すばらしく有益だった。しかし豆の値段を計算するときには、あまり便利とはいえなかった。やがてローマ帝国の繁栄ととも

に、ローマ数字がしだいに取って代わるようになる。ローマ人は、1 を I、5 を V、10 を X、50 を L、100 を C、500 を D、1000 を M というように、記号を使って数を表した。足し算や引き算にはこちらのほうがずっと便利だが、複雑な計算をするときはじつにやっかいだった。たとえば、1988 年を表そうとすると、こう書かなくてはならない——MCMLXXXVIII。それでもローマ数字は、長年にわたって残っていた。16 世紀の数学の本でも使われていたし、ようやくほんとうに消えたのは、印刷された本が広く普及するようになってからのことだ。そのあいだ商人たちは、複雑な計算には不向きなローマ数字を嫌い、あいかわらず算盤を使いながら、もっと便利なものの出現を待っていたのだった。

パズル 13　ある小学校の先生がかつて、授業中の子どもたちを静かにさせるために、1 から 100 までの数をすべて合計しなさいと言いました。ところがあいにく、そのクラスのなかにいたのは、のちに史上最高の数学者と呼ばれるカール・フリードリヒ・ガウスでした。彼はこの問題をすばやく解く方法を見つけ、ほんの数分後に手を上げて、正解を答えました。先生はしぶしぶ彼に金の星をあげ、授業の残り時間はビンゴゲームをして過ごしたのでした。ガウスはどのようにして問題を解いたのでしょう？

ヨーロッパ人が暗黒時代をさまよっているころ、世界の各地では、記数法における大きな進歩が続いていた。

すべてが始まったのは、7世紀ごろのインドである。ヒンドゥー教徒たちが十進法による位取り記数法を考え出した。ある数字の位置によってその値が決まるようにすれば、数をずっと効率的に表記できることに気づいたのだ。そして「一の位」「十の位」「百の位」などを考案した（小学校の教室の悪夢がもどってきたとおっしゃるなら、申しわけない）。

　この発明の結果、インド人たちは、たった9つの記号を使うだけで、どんな数でも表せるようになった。インド人たちは「1988」を表すのに4つの文字ですんだのだ。このなかの1は「一千」を、9は「九百」を、最初の8は「八十」を、つぎの8は「八」を表している。

　ただしこの新しい発明があっても、その後インド人たちがとんとん拍子に進んでいけたわけではなかった。主な問題は、ある位に何もないということをどう表すかだった。最初のうちは、ただその部分を空白にして残していたのだが、これはよくトラブルの元になった。数の途中にある空間(スペース)が、1つ分の空白を表しているのか、それとも2つ分か、3つ分なのかを判断するのがきわめて難しかったからだ。しかもそのスペースの大きさは、数全体の大きさに重大な影響をおよぼす。たとえば、2スペース3は、そのスペースが表す空白の大きさによって、二百三とも考えられるし、二千三とも、二万三とも考えられる。それでとうとう、9世紀のいつごろかは定かでないが、彼らは何もない位を表す「0」の記号を考え出したのである。

十進位取り記数法は、インドから中東に広まった。アル‐フワーリズミー（780‐850？）の記した『インドの数の計算法』という書物が現存している。アル‐フワーリズミーはこの本のなかで、加減乗除の方法を書き記した。のちにアラブの数学者たちは、十進位取り記数法を発展させ、実験的に分数にまで拡張している。

　この新しい記数法は14世紀ごろ、ヨーロッパに達した。イタリア人数学者のフィボナッチは、商人だった父親とともに北アフリカまで旅をし、そこでアラブの記数法を知った。1202年、彼は『算盤の書』という本を著し、この新しい方法が実際にどう応用できるかを示した。この本はヨーロッパの学者たちから好意的に受けとめられたが、十進法の記数法が広く普及するには、印刷技術が発明される1400年代まで待たなければならなかった。

　長らく苦労してきた商人たちは、計算を早くかんたんにしてくれるこの記数法を喜んで迎えた、と思われるだろう。ところが逆に、商人の多くは、これは悪魔の所業だ、数なるものには黒魔術がふくまれていると言って、こうした方法を使おうとしなかった。この新しい数の存在でもうひとつ困るのは、きわめて単純化されているために、商売に使うとき改ざんの恐れが出てくるという点だ。この問題を解決するために、進取の気性に富んだ商人たちは、7や0に斜め線を書き入れる改ざん防止の表記法を考え出した。

　このように、さまざまな社会で筆算を容易に扱えるような記数法が生み出されるまでには、長い時間がかかっ

ている。西欧はとりわけ、この流れに乗るのが遅かった。それにあてつけるかのごとく、ほかのいくつかの文明は、長い年月をかけて位取り記数法を考え出している。バビロニア人の場合、紀元前19世紀だったが、彼らの記数法は十進法と六十進法のミックスだった。十を表す記号があり、これは＜に少し似ていたし、一を表す記号はYに似ていた。

60までの数を書き記すには、ただそれぞれの記号を正しい数だけ組み合わせればいい。たとえば、43は＜＜＜＜YYY、55は＜＜＜＜＜YYYYYとなる。これ以上の数になると、位取り記数法が使われるが、六十進法が採用されているので、それぞれの位の値がちがってくる。最初の位は一だが、2つめの位は六十で、3つめの位は三千六百、というぐあいだ。

たとえば、わたしたちが581と書く数は、一と十と百の組み合わせからなる（この場合、百が5、十が8、一が1）。だがバビロニア人は、そうは考えない。一と六十の組み合わせと見るのだ。彼らにとって581は、六十が9、一が41となる［(9×60)＋(41×1)＝540＋41＝581］。したがって、この数はYYYYYYYYY＜＜＜＜Yと表される（六十の位に9を表す記号が、一の位に41を表す記号が書かれている）。

同じように、バビロニア人の3730は、千が3つ、百が7つ、十が3つ、一が0ではなく、三千六百が1つ、六十が2つ、一が10となる［(1×3600)＋(2×60)＋(10×1)＝3600＋120＋10＝3730］。したがって、バビロニア

人は「Y YY<」のように書く。

> **パズル 14** 1から100までのすべての数を書き出すとしたら、いくつ「1」を書くことになるでしょう？

　ほかの文明がバビロニア人に追いつくには、しばらく時間がかかった。インカ人は13世紀に中南米に定住し、複雑な管理体制をもつ巨大な帝国を築いた。その莫大な富と納税者を記録するために使われていたのが、「キープ」という結縄文字だ。1本の縄に一連の結び目が作られている。最初の結び目のまとまりは一の位を記録し、2つめのまとまりは十の位を、3つめのまとまりは百の位を記録する、というぐあいだ。このキープのひとつひとつに、ある町の生活状況に関する数の情報がふくまれている。それが一堂に集められ、「記憶者」と呼ばれる役人によって保管されていた。
　いっぽう世界の各地では、また別の記数法が何世紀ものあいだにつくりだされてきた。中国にもあったし、マヤ人は数を表す記号で神殿を飾った。現代でもそれに代わるものが生み出されている。コンピュータなどの機械で使われているのは、二進位取り記数法だ。この記数法では、各「位」の値は、二の累乗にもとづいている。つまりどの位も、1つ前の位の2倍の値をもっているのだ。1つめの位（右から左に向かって読んでいく）は「一」を表し、2つめの位は「二」、3つめの位は「四」、4つめの位は「八」を表す、というぐあいに。

コンピュータはこの記数法を用いて、わたしたちが46と表記する数を、三十二が1つ、十六が0、八が1つ、四が1つ、二が1つ、一が0、というように考える。

$$(1 \times 32) + (0 \times 16) + (1 \times 8) + (1 \times 4)$$
$$+ (1 \times 2) + (0 \times 1)$$
$$= 32 + 0 + 8 + 4 + 2 + 0 = 46$$

つまり二進法では、この数は101110となる。そして129は、百二十八が1、六十四が0、三十二が0、十六が0、八が0、四が0、二が0、一が1というように考える$[(1 \times 128) + (1 \times 1) = 128 + 1 = 129]$。したがって二進法では、129は10000001となる。

ごらんのとおり、数の表記のしかたには多くの選択肢があり、さまざまな文明がそれらを試してきた。だが結局、少なくともヨーロッパの商人たちは自分たちの負けを認め、算盤をほうりだすと、紙の上に書いて計算をしはじめた。これが筆算の始まりだった。

くり上がりとくり下がりの「アルゴリズム」

14世紀ヨーロッパの商店主が受けたショックを想像してみてほしい。近所の商売敵（がたき）が、算盤でやる計算から、最新流行のエンピツと紙を使ったやりかたに切り替え、これまでの2倍の速さでお客との応対をこなしているのだ。こちらもなんとかしなくては、店をたたむはめにな

ってしまう。とはいっても、あんな記号や線の意味はぜんぜんわからないし、「くり上がり」やら「くり下がり」やらもさっぱりだし、ああいう新しい数には危険な力があるというおそろしげなうわさも耳に入ってくる。あれは東洋の魔術師の陰謀で、やつらが西洋の正直な民の心を惑わそうとしているのだ、と言う友人たちもいる。アルゴリスムスとかいう謎の王が、何やら独自の「法」に従って計算をしなければならないと宣言したが、それは実はわれわれの心を惑わすための罠なのだと。どうすればいいのだろう？

とにかく、経済的な現実に逆らってはいられない。そこで商店主は、こうした奇妙な数の使い方を教えてくれる新しい学校へと出かけていく。そして仲間の生徒たちにアルゴリスムスのことを話し、大笑いされる。彼らによると、それは有名なアラブの数学者アル－フワーリズミーのことだという。彼らが学んでいる新しいテクニックの多くは、その数学者の著書に書かれているものらしい。あるタイプの計算をするための標準的な方法はすべて、この偉大な数学者にちなんで、英語で"アルゴリズム"と呼ばれているのだ。彼は安堵のため息をつくと、真新しい青色のノートの上で計算を始め、いつか長い計算をすべて正しくやりこなして、先生から金の星をもらうことを夢みるようになる。

> **パズル 15**　「2掛ける4羽と20羽のクロウタドリが雨のなかに座っている。ジルは鉄砲でその7分の1を殺した。残ったのは何羽か？」［ウェルズ（1992年）］

　これはあなたにとって心安まる知らせだと思うが、筆算による足し算（あるいは掛け算）の世界では、長年たっても大して事情は変わっていない。これと同じことを、イギリス人数学者のロバート・レコード（1510-1558）も、著書『算術の基本』のなかで言っている。この本は1543年に書かれた最初の数学の教科書で、あなたもこれを読めば、著者が計算を現実に即した問題らしく装おうと四苦八苦しているのがわかるだろう。

　「なんだって？　足し算はごくやさしいものだ。いますぐにもやってみせられると思う。チープサイドの通りを、羊の群が2回にわたって通り過ぎたとしよう。最初の群は848頭、2度目の群は186頭……［羊の数の合計を計算するには］一方の数を、もう一方の数の上に書かねばならない……一方の数の1つめの数字が、もう一方の数の1つめの数字の下にくるように……最初はかならず右端の数字から始め、その最初の2つの数字を足し合わせて、そこから生じる結果を確かめ、その下、線の下の右側に書きこみ……」

　『算術の基本』のなかの架空の読者は、この説明や同じような引き算の説明にしごく満足し、くり上がりとくり下がりのときは頭が混乱するとだけ述べている。くり

上がりもくり下がりも、アラブ人が考え出した十進法の記数法にもとづく手順だ。14世紀の商店主が、チープサイドを通り過ぎた羊の数を出そうと、指示どおりに紙の上で計算しようとしたとする。彼の目の前の紙には、こんなふうに書かれているだろう（位を表す文字はないだろうが）。

```
   百   十   一
       8   4   8
   +   1   8   6
   ─────────────
```

彼は14世紀の先生の指示を注意深く守り、最後の位の数字2つを足して、答えの14をその下に書きこもうとする。そのとき、たまたま後ろからのぞきこんだ先生が、雷を落とす。ぴったりと体を寄せて威圧的に立ち、大きな声でこうどなるのだ──「一の位には4と書いて、1は『くり上がり』だ！」彼は熱心にノートの上におおいかぶさり、ひたいにしわを寄せて、必死に頭を働かせる。そして最後に、答えは、1034となる。

パズル 16 ある町で頭が2つある魚や、脚が4本あるニワトリの群が発見されました。その結果、住民はパニックを起こしていっせいに避難を始め、町の人口は3652人から2759人に減りました。逃げ出したのは何人でしょう？

「くり下がり」の考えかたは、これとは逆になる。たとえば、最初にチープサイドを通り過ぎようとする848頭の羊のうち、186頭がクリスマスの買い物をしにいってしまう。そこで羊飼いのあなたは、群に何頭の羊が残っているかを知りたくなった。『算術の基本』の指示に従えば、つぎのように書くことになる。

```
    百   十   一
    8   4   8
-   1   8   6
_____
```

足し算のときと同じで、この計算も右の端から始める。8頭の羊がチープサイドにやってきたが、6頭は買い物にいってしまったので、この8頭のうちあなたが面倒を見るのは2頭だけだ。それから、十の位に注意を向けると、40頭が町にやってきたとわかるが、80頭がどこかに消えてしまっている。これは困ったと思いきや、もともとこの日の始めには、さらに800頭の羊がいたことに気づく。そこで百の位から1だけ「借りて」くれば、140頭の羊が町にやってきて、そのうち80頭がどこかへ行ってしまい、あとには60頭が残った、ということになる。最後に、すべて合わせると、あなたの群に残っている羊は662頭である。

掛け算の筆算のやりかたは 1つじゃない

長い掛け算、つまり長乗法となると、まったく別のタイプの難題だ。ほとんどの文明で、こうした計算はおそろしいやっかいものとして、ずっと避けられてきた。コンピュータですらこれは敬遠し、高速の足し算（もしくは引き算）を使って答えを出すほうを好む。だが、この計算にまっこうから取り組んできた人たちは、ありとあらゆる方法を考え出している。

わたしたちがいま使っているテクニックは、かなり最近になって登場してきたもので、なぜ一般に普及したかといえば、印刷しやすいからだ。これは、掛け算を「分けて行う」ことによって、より扱いやすい計算に変えてしまうやりかたである。たとえば、2641×275 は、つぎのようになる。

$$
\begin{array}{r}
2641 \\
\times \quad 275 \\
\hline
1\,3^3 2^2 0\,5 \\
1\,8^4 4^2 8\,7\,0 \\
+\ 5^1 2\,8\,2\,0\,0 \\
\hline
7^1 2^1 6^1 2\,7\,5
\end{array}
$$

上の例では、275×2641 という計算は、$(5 \times 2641) + (70 \times 2641) + (200 \times 2641)$ と同じだと考えられる。

「2641のまとまりが275」というのは、「2641のまとまりが5、足す、2641のまとまりが70、足す、2641のまとまりが200」と言いかえられるからだ。この足し算の1列目（13205）は5×2641の答え、2列目（184870）は70×2641の答え、3列目（528200）は200×2641の答えである。これらの掛け算のそれぞれの答えを足し合わせれば、最終的な答え（726275）が得られる。

このやりかただと話がかんたんになる。3つの掛け算すべてが、2641に1桁の数を掛けるだけですむからで、これはかなり苦痛の少ない手順だといえる。このテクニックを使えば、長乗法はすべて同じパターンに当てはめられる。

> **パズル 17**　つぎの計算で、AからEまでの文字は、1から6までの別々の数を表しています。それぞれの文字に当てはまる数はなんでしょうか？
>
> ```
>     AB
>  ×   C
>   ────
>    DEF
> ```

古い時代までさかのぼってみると、いわゆる「長乗法」の最も一般的な方法は、「ゲロシア」というものだった。尼僧や貞淑な女性が住む家の窓にはまっていた格子にちなんで、そう呼ばれるようになったのだ。魅力的な若い女性が格子の向こうに閉じこめられているなんて、

まったくもってとんでもない話だが、そのことと数学とは関係ない。この方法が人気を得られなかったのは、印刷するのがひどく面倒だったせいだ。

258×24という問題を考えてみよう。これは3桁の数と2桁の数の掛け算なので、3×2の長方形の格子を描き、その上に3桁の数を、その横に2桁の数を書く。

つぎに、それぞれのマス目の対角線を書き入れ、先をこんなふうに伸ばす。

つぎは、それぞれのマス目を、組み合わされた2つの数を掛け合わせた答えで埋めていくのだが、「十の位」の数を対角線の上に、「一の位」の数を対角線の下に書き入れるようにする。そして対角線に仕切られた斜めの列にある数を下に向かって足していき、ふつうの方法で「くり上げて」いく。こんなぐあいだ。

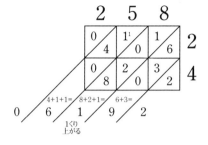

　この問題では、右から3つめの斜めの列の数を足していくと、答えが11になる。それで列の下側に「1」と書き、つぎの列にくり上がりの「1」を書き入れる。4つめの列も同じように足していき、最後に格子の下の数字を左から右に読む。この6192が、計算の答えとなる。このやりかたは、始めのうちは少し戸惑うだろうが、いったんコツをつかめば、どんなに大きな数の掛け算にも使うことができる。

　たとえば、346×229という計算をやってみよう。この場合は3×3の格子が必要になるが、それ以外はさっきの問題と同じだ。

第1部 数を数え、暗算し、筆算するまで 55

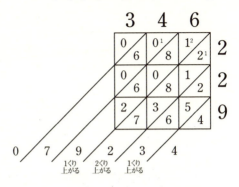

答えは 79234

パズル 18 このゲロシアの問題には、いくつかの数が欠けています。その数を答えなさい。

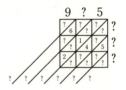

この2つだけではなく、方法はまだある。古代エジプト人は掛け算を解くのに「2倍増」のテクニックを使っていた。どんな数を掛けるときも、「2倍増」の表を書き出してから、問題を解くのに利用するのだ。

「リンド数学パピルス」は、19世紀の中ごろ、テーベのラムセス二世の神殿の近くにある小さな建物の廃墟で

発見された。アレクサンダー・ヘンリー・リンドは、健康上の理由からエジプトで冬を過ごしていた。彼はルクソールの古物屋で、家族や親戚のための手軽なみやげ物を探すのが好きだったが、そのとき彼の目をひいたのが、このパピルスだったのだ。

当のパピルスは、アハメスという名前の当時の書記の手になるものだとわかった。アハメスがこのパピルスを記したのは、紀元前17世紀の中ごろだが、実はこれ自体が、紀元前19世紀の後半に書かれた文書の写しだった。アハメスは大きな自負をこめて、自分のパピルスをこう呼んでいる——「事物の意味を把握し、あいまいなものや秘密など、あらゆる物事を知るための、正しい計算法」。これは期待がもてそうだとわたしも思ったが、中身を読んでみていささかがっかりした。出てくるのがほとんど、さまざまな量のパンとビールをさまざまな数の人間で分け合うといった例だったからだ。だがそれでも、こんな古い時代から変わらない疑問もふくまれていた。「7軒の家があり、それぞれの家に1匹の猫がいる。猫1匹は7匹のネズミをとり、ネズミ1匹は7穂の小麦を食べる。1穂の小麦からは7ヘカトの粒がとれる。何ヘカトの小麦粒が失われただろうか？」

エジプトの男子生徒はこの問題に取り組むとき、現代の男の子たちよりもずっと集中できただろう。なにしろ教室には女の子がいなかったのだから。それで、猫が全体で49匹のネズミをとるという答えはすぐに出せる。しかしつぎの掛け算は、7×49となり、そうかんたんに

はいかない。そこでまず、「2倍増」の表を書き出していく。こんなぐあいだ。

1	49	1×49
2	98	2×49
4	196	4×49
8	392	8×49
16	784	16×49
32	1568	32×49

つぎのステップは、別々の「段」を組み合わせて、必要な計算の答えを出すことだ。ここで求めたいのは、「49のまとまりが7」である。「49のまとまりが7」とは、「49のまとまりが1、足す、49のまとまりが2、足す、49のまとまりが4」というのと同じだ。そして、「2倍増」の表によれば、「49のまとまりが1」は49、「49のまとまりが2」は98、「49のまとまりが4」は196になる。それでエジプトの男子生徒は、49と98と196を足すことで、もとの掛け算の答えの343を導き出す。

実のところ、この考えかたを活用すれば、49のどんな倍数でも計算できる。「49のまとまりが3」は、「49のまとまりが2と1」というのと同じだ。「49のまとまりが12」は、「49のまとまりが4と8」に等しい。「49のまとまりが43」は、「49のまとまりが32と8と2と1」に等しい。さっきのような2倍増の表のいくつかの段を組み合わせて足すことで、49のあらゆる倍数が求められる。

これは49だけに限った話ではない。あのエジプトの男子生徒たちは、258×24の問題も、まったく同じよう

に解いていただろう。これが「2倍増」の表だ。

1	258	1×258
2	516	2×258
4	1032	4×258
8	2064	8×258
16	4128	16×258

　この場合、男子生徒が求めるのは、「258のまとまりが24」ということで、これは「258のまとまりが8つ」と「258のまとまりが16」というのに等しい。表から、「258のまとまりが8つ」は2064、「258のまとまりが16」は4128とわかる。したがってこの問題の答えは2064＋4128、つまり6192となる。

割り算の筆算
手順には意味がある

　そして悪夢の最後にくるのが、長除法だ。ページのいちばん上にすっきりと書かれた1つの計算式から、こんなに何段もの数字の列がずらずら生まれてくるなんて、だれが思うだろう？　しかし、こうした数の列の意味をつかもうとする前に、ほかの二、三のテクニックを見ておくのもむだではない。長除法が実のところ、なぜ完璧に理にかなったものであるかを知るためのカギが、そこに隠されているからだ。

　まず最初に、この点を理解しておかなければならない。あらゆる割り算は、引き算として考えられる。つまり

63÷9 は、このように言いかえることができる。「9 がいくつ集まると、63 になりますか?」その答えを出すには、63 から 9 を何度引けば残りがゼロになるかを見ていけばいい。問題を解くうえで、これ以上の方法はほかにはない。

$$63-9=54 \rightarrow 54-9=45$$
$$\rightarrow 45-9=36 \rightarrow 36-9=27$$
$$\rightarrow 27-9=18 \rightarrow 18-9=9$$
$$\rightarrow 9-9=0$$

言いかえるなら、63−9−9−9−9−9−9−9=0 ということだ。63 をゼロにするには、9 のまとまりを 7 回引けばいい。つまり、もとの割り算の答えは 7 になる。どんな割り算でも、同じやりかたで解くことができる。24÷6 は、6 のまとまりがいくつ集まれば 24 になるか、という問題に等しい。24−6−6−6−6=0。24 をゼロにするには、6 を 4 回引けばいい。24÷6 の答えは 4 だ。

これは割り算に取り組むうえで、遠回りな方法のように思えるかもしれないが、少しスピードアップして、もっと難しい問題に当てはめられれば、たいへん便利なものになる。336÷24 という問題を見てみよう。これはさっきの問題と同じ方法で、336 から 24 を何回引けばゼロになるかを調べることによって、解くことができる。336−24−24−24−24−24−24−24−24−24−24−24−24−24−24=0。答えは 14 だ。

パズル 19　1から9までのすべての数で割りきれる、最も小さな数は何でしょうか？

とはいえ、もう少し早くこの答えにたどりつけるに越したことはないだろう。そこで、「24」を1つずつ引くかわりに、「24」のいくつかのまとまりを一度に引くようにしよう。そのためには、計算しやすい24の倍数をいくつか把握しておく必要がある。この場合は、「24のまとまりが10」は240、「24のまとまりが2」は48だという事実を利用すればいい。

336÷24の問題にもどってみよう。この新しい情報があれば、「24」をいちいち1つずつ引く必要はない。最初から240を引けばいいのだ。これはもうおわかりのように、「24のまとまりが10」に等しい。

```
  3 3 6
 -2 4 0   (10×24)
  ─────
    9 6
```

「24のまとまりが10」を引くと、もとの336が96まで小さくなる。つぎには、48を引く。これは「24のまとまりが2」に等しいということもおわかりだろう。

```
   9 6
  -4 8   (2×24)
  ────
   4 8
```

この引き算が終われば、もとの 336 という数を 48 まで減らしたことになる。そこからさらに 48（これもやはり、「24 のまとまりが 2」に等しい）を引けば、336 はゼロになる。

$$\begin{array}{r} 4\,8 \\ -4\,8 \\ \hline 0 \end{array} \quad (2\times 24)$$

まとめていえば、336 をゼロにまで減らすには、「24 のまとまりが 10」を引き、それから「24 のまとまりが 2」を引き、さらに「24 のまとまりが 2」を引けばいいのだ。合計すると、「24 のまとまりが 14」を引いたことになる。したがって、336÷24 という問題の答えは、14 となる。だがそれ以上に重要なのは、この答えにたどりつくまでにわずか 3 つのステップですんだということだ。

パズル 20 あなたはあるデモ行進に参加します。参加者は 252 人いて、等しい人数の隊列を 18 個形成し、自分たちの主張を唱える予定です。それぞれの隊列の人数は何人でしょう？

さて、割り算を引き算のくりかえしだと考えることは可能であるどころか、なかなか気のきいたやりかただということもおわかりだろう。ここまでくれば、もつれあった数の網のような「長除法」もうまく扱えるはずだ。

つまるところ長除法も、形式化、単純化された形の計算であって、引き算のくりかえしと変わりはないのだから。

一般に数学の時間では、割り算のときはかならずといっていいほど、キャンディ（あるいはビー玉）が引き合いに出される。そこで、3968個のキャンディを16人で公平に分けるという問題を考えてみよう。さあ、ひとつ深呼吸をして、つぎのような割り算を書き出してほしい。

$$16\overline{)3968}$$

最初のステップは、39から16を何回引けるかを見ることだ。そして、答えの「2」を9の上に書き入れる。そのあとで、16×2が実際に何になるかを計算し、39の下に書きこむ。早くも数字がずらずら連なりだしているが、筆算はこうなるはずだ。

$$\begin{array}{r}2\\16\overline{)3968}\\32\end{array}$$

この割り算は、こういう問題と同じであることを思い出してほしい——「3968から16を何回引けばゼロになるか？」いまの時点では、3968から「16のまとまりが200」を引くことが可能であるということ、「16のまとまりが200」は3200だということがわかった。ここでの2つのゼロは、筆算の手間をはぶくために省略されている。

つぎのステップでは39から32を引き、さらに6を「下におろしてくる」。これは実のところ、「16のまとまりが200」を引いたあとに、3968のうちいくつが残るかを見るのと同じことだ。実際の答えは768だが（3968－3200）、もとの割り算の目的のためには、その答えを残らず書き出さなくてもかまわない。必要なのは初めの2桁だけだ。

このあとは76から、長除法の手順がふたたびくりかえされる。16は76から4回引くことができる。

```
        2 4 8
    ┌─────────
16 │ 3 9 6 8
    − 3 2
    ─────────
        7 6
    −   6 4
    ─────────
        1 2 8
    −   1 2 8
    ─────────
            0
```

同じように続けていくと、全員が248個のキャンディがもらえる、ということがわかる。この問題全体を、先ほどの問題を解いたのと同じ、引き算のくりかえしを使うやりかたで表すこともできる。こんなぐあいだ。

```
   3 9 6 8
 - 3 2 0 0      (16のまとまりが200)
   ─────
     7 6 8
 -   6 4 0      (16のまとまりが40)
     ─────
     1 2 8
 -   1 2 8      (16のまとまりが8)
     ─────
     0 0 0
```

この問題を解く2つの方法に大きなちがいがないことは、もうおわかりだろう。

> **パズル 21** あるガソリンスタンドでは、引換券を4枚集めるごとに、サイコロ型のクッション1個と引換券1枚がもらえます。もし48枚の引換券を集めていたとしたら、何個のサイコロがもらえるでしょう?

人生は甘いものではない。だから、あなたが生きているあいだには、つぎのようなことが起こってもおかしくないだろう。お菓子の入った袋から、子どもたちのふっくらした手に、まったく平等にキャンディを配っていくが、最後に2個だけ余ってしまった。たとえば、3970個のキャンディを16人の子どもで分けようとすれば、1人あたり248個まではちゃんと行きわたるが、最後の2個がよけいになる。

第1部　数を数え、暗算し、筆算するまで　65

　情緒を解さない割り算の世界では、この2は「余り」と呼ばれる。しかしそんな話をしたところで、あなたの目の前にいる腹ペコで気の立った生き物の群をなだめられはしない。この状況で、余りにはどんな意味があるのか？　つまり割り算を完成させるには、分数をからめざるをえないということだ。この群をなだめる最もかんたんな方法は、残った2個のキャンディをそれぞれ、まったく同じ大きさの16のかけらに分けることである。すると、かけら1つがキャンディ1個の1/16となり、子どもたち全員がそのかけらを2つもらえる（余ったキャンディ2個のそれぞれを16等分したうちの1つずつ）。このルールに従っていけば、子どもは1人あたり248個の完全なキャンディと2/16個のキャンディをもらえる、ということになる。もっとも実際には、あなた自身が残りの2個を食べてしまったほうが話が早いだろうが。

パズル 22　北イングランドのある小さな村（人口125人）の住民たちがひまに飽かして、世界最長のソーセージを作ろうと決めました。完成したソーセージは、長さ4018 cmのものでした。いよいよそれを切り分けるというとき、村人は50 cmを村の長老に提供し、残りはほかの全員で平等に分けることにしました。1人あたり何cmもらえたでしょう？

計算にまちがいがないか確かめる方法

　人間はミスをする。長除法のような難物に取り組んでいれば、なおのことだ。だから、自分のやった計算の最終的な結果が正しいかどうか知りたいと思うのは、当然の話だろう。もちろん教室では、自分で確かめる必要はない。先生がのしのしと机のあいだを歩きまわり、赤ペンを手に、裁きを下そうと意気ごんでいる。そしてあなたの耳から数センチのところでペンをひらめかせ、手首をさっさっと動かしながら、何時間もかかった計算への評価を下していく。正解には気のない丸を、不正解には容赦のない斜線を。

　しかし、そんな赤ペンの秘技に頼らなくても、正しいかどうかをあなた自身でチェックする方法はいくらでもある。最も一般的な方法は、「九去法」と呼ばれるものだ。

　たとえば、848 + 186 を計算した答えが合っているかどうかを確かめるとしよう。それには、この 2 つの数のそれぞれの位の数字を足し合わせ、その答えからできるだけ多く 9 を引いていけばいい。つまり、848 の場合は、8 と 4 と 8 を足すと 20 になる、そこから 9 を引きはじめる。すると 20 − 9 は 11、11 − 9 は 2 となる。これは実のところ、各位の数字の和を求めるのとまったく同じである。つまり、各位の数字を足し合わせて得られた答えの、そのまた各位の数字を足し合わせ、その手順を答え

が1桁の数になるまでをくりかえすのと同じなのだ。その場合、8+4+8は20、2+0は2となる。

186も同じようにする。九去法を使えば、1+8+6は15で、そこから9を引くと6になる。あるいはかわりに、各位の数字の和を求める方式によって、1+8+6は15、1+5は6となる。つぎに、もとの計算の答え（この場合は1034）でも同じ手順をくりかえす。すると各位の数字の和として8が得られる。この計算は足し算なので、2つの数それぞれの各位の数字の和を足すと、その結果は計算の答えの各位の数字の和と同じになるはずだ。この場合、1つめの数の各位の数字の和は2で、2つめの数の各位の数字の和は6である。6と2を足せば8になり、答えの各位の数字の和に等しくなる。

これと同じ方法は、割り算以外ならどんな計算にも使える。引き算の検算をしたければ、1つめの数の各位の数字の和から2つめの数の各位の数字の和を引いて、その結果と、確かめたい引き算の答えの各位の数字の和とが一致するかどうかを見る。また掛け算の場合は、各位の数字の和を掛ければいい。

この話がうそでないことを証明しよう。217×43は9331である。217の各位の数字の和は1で、43の各位の数字の和は7で、9331の各位の数字の和は7だ。7×1は7になる。つまりこの検算で、わたしの計算が合っていることが確かめられる。

だが、あなたをあまり興奮させないうちに、断っておかなければならない。この方法は、実は万能ではない。

計算をまちがえたにもかかわらず、まったくの不運によって、その答えがたまたま正しい答えと同じ各位の数字の和をもっていた、という可能性もゼロではないのだ。わたしに言えるのはただ、完全なものはないということ、もしこの方法で検算をして、それが一致すれば、あなたの答えが合っている可能性はきわめて高い、ということだけだ。

　そんな不正確な話では必要にかなわない、とおっしゃるなら、いつでも逆算を行うことで検算ができる。たとえば、154＋289 を注意深く計算して 443 という答えを出し、これが正しいかどうかを確かめたいとしよう。そのためには、やはり慎重に、443－289 という計算をする。この引き算の答えが 154 になれば、あなたの最初の計算はまちがいなく確かだったということになる。同じように、1589－297 が 1292 であることを確かめるには、1292＋297 という計算をする。この足し算の答えが 1589 になれば、世はなべてこともなし、だ。

　掛け算と割り算も、これと同じように検算できる。123×56＝6890 という答えが出た場合（これは誤答）、最も確実な検算の方法は、6890 を 56 で割ることだ。この場合、もとの計算の答えがまちがっているので、6890 を 56 で割っても、予想される 123 という答えが出てこない。だからもとの問題の計算を確かめる必要がある。同じように、11913÷57＝209（これは正解）という答えが出たら、最良の検算の方法は、209×57 という掛け算をすることだ。予想どおり、11913 という答えが得られ

れば、あなたの計算にミスがないことの証明になる。

　もちろん現在では、長い筆算は避けようと思えばかんたんに避けられるし、決して恥ずかしいことでもない。勘定係の女性が自分の前を通り過ぎる品物の値段をひとつずつ書きとめ、あとできれいな筆跡の数字の列を合計していく、ということもない。外貨両替所でポンドをドルに替えるとき、あたふたと長乗法を行うこともない。そう——何もかもちゃんとやってくれる機械があるのだ。いろいろな弱点やミスをカバーし、悩み多い学校時代の記憶を掘り起こさずにすませてくれるものが。

パズル 23　あなたはルワンダの田舎で、ヤシ油を4リットル買うために、小さな村の店に入りました。店主はカウンターの後ろに手を伸ばし、油の入った大きな桶を出してきましたが、申しわけなさそうにこう言います——油の量を量るのに、古い3リットルのペンキ缶と、5リットルの潤滑油の容器しかないのだ。あなたは、心配ない、その2つを使えば、たとえ目盛りがついていなくても、4リットルを量ることはできると言います。どうすればいいのでしょう？（いったん注いだ油を桶にもどしてもかまいません）

第2部

比例計算から分数、

百分率まで

美しい比例関係「黄金比」

比例とは、一方の数を2倍にすれば、もう一方の数も2倍になるような関係を指す。たとえば通貨の両替だ。かりにある時期に10ドルが6ポンドだとしたら、20ドルが12ポンドになることはまずまちがいない。あるいは犬と脚の関係だ。4匹の犬が全体で16本の脚をもっているとしたら、8匹の犬は32本の脚をもつことになる（どの犬も脚の数は同じだとすれば）。

> **パズル 24**
> わたしはルワンダにいたころ、長い時間をかけておいしい豆の調理法を完成させようとしてきました。そしてついに、2人分のおいしい豆料理を作るには、豆200g、玉ねぎ4個、トマト6個、ブラウンシュガー大さじ3杯、ミックススパイス大さじ2杯、塩小さじ3杯が必要であることをつきとめました。ある年のクリスマスの日、わたしは11人分の豆料理を作らねばならなくなりました。必要なそれぞれの材料の量はどれだけでしょう？

比と比例は、いたるところにひょっこり顔を出す。音楽の世界では、弦の長さが正しい比を保つことが必要不可欠だ。同じ力で張られた弦が2本あり、一方がもう一方の2倍の長さだとすれば、それを爪弾くと、1オクターブ離れた2つの音が出る。もとの弦の1.5倍の長さの弦を弾いたときには、完全5度の音になる。長さの比が

4：3である2本の弦は、完全4度の音を奏でる、というぐあいだ。もちろん、そのことが事実かどうかを確かめられるのは、完全4度と完全5度のちがいが聞き分けられる人に限られる。わたしにはむりな相談だ。

比はあなたの食べるものを指示することもある。ユダヤ教の戒律によると、豚肉などの一部の食物は禁じられている。あなたが夕食を作っていて、まちがって豚肉のかけらを混ぜてしまったとしよう。豚肉と清浄な食べ物(コーシャ)の比が1：60以下であれば、その料理は食べてもかまわない。もしそうでなければ、捨てなければならない。ただしこの原則が当てはまるのは、たまたま誤って豚肉を入れてしまった場合に限られる。豚肉とほかの食べ物との正確な比を見きわめる方法がどういうものなのかは、わたしにもよくわからない。

わたしたちの美にまつわる観念にも、比は大きな影響を与えている。長方形が特に美しいものだとは思えないかもしれないが、試しにあなたも頭をからっぽにして、ただ美しいと感じられるように描いてみてほしい。そうして描いた長方形の辺を測ってみよう。賭けてもいいが、その長いほうの辺の長さは、短いほうの辺のおよそ1.618倍になっているはずだ。この比（1：1.618）は黄金比（黄金分割）と呼ばれる。そしていたるところに現れる。木や植物の種子や花弁の配置にも見つかるし、音楽の譜面を分割するのにもしばしば用いられる。数学では、1.618という数は「ファイ」（ϕ）と呼ばれるが、これは自分の建築物に黄金比を好んで使った古代ギリシアの

建築家、ファイディアスにちなんでいるといわれる。わたしたちが最も魅力的だと思い、太すぎもせず細すぎもしないと感じる長さの関係が、黄金比なのだ。

古代ギリシア人は、パルテノンの建築にも黄金比を用いた。神殿の正面図を見ると、その高さと横幅が黄金比をなしているのだが、これがギリシア人たちの意図によるものか、直観によって決められたものなのかは、いまだに議論が絶えない。

見る者の目を楽しませる黄金比のほかにも、パルテノンのデザインにはいろいろ巧妙な仕掛けがある。たとえば、神殿の床は、入口から奥に進むにつれ、ごくかすかに上向きにカーブを描いていて、内部が実際より大きく見えるようになっている。そして屋根を支える円柱も、高い位置ほど太さを増し、下から見上げたときに細く見えるのを防いでいる。こうした仕掛けは、この建物をより対称的に見せるために考え出されたものだ。ギリシア人は対称性にとりつかれていたのである。

パズル 25　あなたは犬1匹、猫1匹を飼っています。ある日、体重を量ってみると、犬は20kg、猫は5kgでした。その夜、2匹があなたの夢に現れ、自分たちのペットフードを体重と同じ比で分けてほしいと告げました。575gの缶詰をこの2匹で分けるとしたら、それぞれの量はいくつになるでしょう？

イギリスの哲学者フランシス・ベーコンは、「特筆すべき美には、かならずその比率にいささか奇妙なところ

がある」と言った。だが、科学者たちの見解はおおむね異なっている。わたしたちが一般に魅力的だと考える顔は、黄金比をなす長方形のなかにぴったりおさまるのだ。整形外科医もこのテクニックを使って、美しい人間をつくりだそうとするだろう。患者が麻酔で気を失ったあと、手術室で何が行われているものやら。医者たちはきっと、あの何やら仰々しい道具をどこかへうっちゃり、段ボール紙と両面テープで作った長方形をそそくさと取り出しているにちがいない。

そういえば、ほとんどのクレジットカードは、黄金比にきわめて近い比をもっている。キットカット（例の4つの山に分かれたチョコレート菓子）もそうだ。

そこまでの影響力があるとすれば、この比が過去に宗教的な畏怖の念をもって見られていたことも驚きではない。ピュタゴラスやピュタゴラス学派は、数とは宇宙の本質そのものであり、あらゆる関係は数的に表現できると考えていた。長さが整数の比をなす弦を組み合わせて音楽が奏でられることを、最初に発見したのもピュタゴラスである。そのきっかけは、鍛冶屋が鉄床を打つときに出る音が、その金槌の重みによってちがっているのに気づいたことだった。

ピュタゴラスはまた、惑星が5つ存在すること（ほかの惑星はまだ見つかっていなかった）、それらの惑星のもつ軌道間の関係が音符と同じ比であることを発見した。そこから導かれる結論はひとつ。シンプルな整数や、そうした数を結びつける関係は、宇宙の構造そのものであ

る。それはわたしたちの住む宇宙を説明する手引書であり、宇宙に占めるわたしたちの位置を決めるパターンであり、宇宙はその音楽に合わせてダンスをしているのだ。

だが悲しいことに、この理論はやがて一挙に崩れ落ちてしまう。正方形の対角線や辺の関係は、整数の比では表せないことがわかったためだ。別の言いかたで説明しよう。正方形の長さを1辺の長さで割った場合、分数の形で書けるような数は得られない。得られるのは$\sqrt{2}$。小数が反復されることなく、いつまでも延々と続いていく数である。なんということだろうか。

> **パズル 26**　あなたは列車で通勤しています。生きているのが楽しそうに見える人たちと、笑いかたを忘れてしまったような人たちの比は2：7です。幸せな人たちが36人いるとすれば、転職を考えている人たちは何人になるでしょう？

2 いにしえの比例計算法「黄金律」

ピュタゴラスの時代からずっと、比や比例は姿を消してはいない。いまでも毎日の暮らしの大きな部分を占めている。お金を別の通貨に両替するとき、いくらになるか計算するのに使われる。キロをマイルに換算するのに使われる。100グラム78ペンスの芽キャベツの値段を計算するのに使われる。4人用のレシピを6人用のレシピに換算するのにも使われる。

わたしはつい最近、ごく日常的な暮らしのさなかに、この比例のおかげで危ない目にあった。新しいガールフレンドやその他の友だちといっしょに、地元のカレー屋に入ったときのことだ。わたしは金曜日にはいつもその店で夕食を食べている。いつもとちがって始めにポッパダムを食べるのは避けた——あとでナンを腹いっぱい詰めこめるように。そしてその日の夜も、これまでの金曜日と同じように、楽しく過ぎていった。

やがて請求書がきた。でもこのときもいつもとはちがい、紙ナプキンの裏で計算して金額を確かめようとはしなかった。新しいガールフレンドにわたしの後ろ暗い一面を知られたくなかったこともある（検算ならあとで家に帰って、奥の小部屋でゆっくりやればいい）。だがわたしは、その請求書が、かつて独り者だったころに渡された請求書ほどかんたんなものでないことにも気づいていた。というのも、紳士のたしなみとして、このときはガールフレンドと自分の２人分払うつもりでいた。するといきなり、単純な割り算以上のものが必要になってきたのだ。１人あたりいくら払うかを計算し、それを２倍しなければならない。これは比例の考えかたである。人と人との関係は人生を複雑にするという事実の証拠が、またひとつ増えたといっていいのではないか。

パズル 27　６個のコップがあり、うち３個は中身が一杯で、３個は空です。コップはつぎのように１列に並んでいます。

　一杯のコップと空のコップが1つおきに並ぶようにするには、コップを何回動かさなければならないでしょう？　どれかのコップを持ち上げるたびに、それを1回として数えます。

　こんなふうに、比例がまったく思いがけず曲がり角の向こうに待ちかまえているとしたら、現実に現れたときにはどう対処すればいいのか？　わたしたちはすでに、多くの人たちが長年にわたって比例の問題に取り組んできたことを知っている。さまざまな文化がこうした問題を機械的に解く方法を思いついていても驚くにはあたらない。そして実際に考案された方法は、どれもおおむね似通ったもので、一般には「3の法則」と呼ばれている。

　3の法則は、中国では1世紀ごろから知られていた。5世紀の古代インドの文書にも、8世紀以降のイスラム数学の書物にも、ヨーロッパ初の教科書にも登場する。たくさんの有益な問題が解ける方法だということで、多くの人々が熱狂した。ルネッサンス期のヨーロッパ人は、これを「黄金律」と呼んだ。インドの数学者バスカラ2世は、ヴィシュヌ神がその無数の顕れを通じてあまねく宇宙に在るのと同様、この法則は数学の世界にあまねく存在していると書いた。

　ロバート・レコードは『算術の基本』のなかで、つぎ

のように述べている。「比例の規則を……お教えしよう、そのすばらしさゆえに黄金律と呼ばれるものを」それから、まさに数学教師そのものの調子でその法則を説明し、読者がその一般原理を把握できるようにと、いくつかの例題を紹介している。最初の問題はつぎのようなものだ。

「3カ月のあいだ宿に滞在するのに16シリングかかるとしたら、8カ月間ではいくら支払うことになるか？」

レコードによると、この情報はつぎのように書き表せばいい。

$$3 \diagdown 16 \atop 8 \diagup$$

左側の2つの数は、同じタイプのものでなければならない（この場合は「月」）。またこれらの数はどちらも、それぞれと結びつけられる情報と、同じ線でつながれて対になっている。この問題の場合、3カ月間の滞在で16シリングかかることがわかっていて、8カ月の滞在ではいくらかかるかを知りたい（その情報が入る場所だけが空白になっている）。

こんなふうに数を配置したあとで、レコードはこう言う。「問題が理解できたなら、つぎにはこのようにせねばならない。左下にある数に、右側にある数を掛ける。そしてその答えの数を、左上にある数で割るのだ」これを別の言葉で言いかえるなら、まず左下の数（8）から始め、数字をつなぐ線に従って、右上の数（16）を掛ける。そしてこの掛け算の答えを左上の数（3）で割れば、

もとの問題の答えが得られる。こうしたタイプの問題なら、与えられた情報を同じように配置しさえすれば、何も考えずにこの方式に従うだけで正しい答えにたどりつける。

> **パズル 28**　ある列車が、長さ２kmのトンネルに入りきるまでに４秒かかりました。その速さが時速160kmだとしたら、列車がトンネルを完全に通り抜けるまでに、どれだけの時間がかかるでしょう？

もっとも、教師の能力にそこまで盲目的な信頼をおかないほうがいいかもしれない。こうした方法が、あなたに正確な部屋代を知らせずにおこうとする政府の陰謀でないと言いきれるだろうか？　そこでレコードの「数字と線」方式の背後にある論理を解き明かしてみよう。

この問題のポイントは、１カ月の滞在でいくら払うかを割り出すことだ。それが計算できれば、たとえ何カ月分の料金でも、ただ掛け算をすることで求められる。その手順は、つぎのような表でうまく表せる。

月	シリング
3	16
1	16÷3=5 1/3
8	8×5 1/3=42 2/3

まず最初の、３カ月の滞在に16シリングかかるという情報から、１カ月あたりの滞在費は16を3で割ることで求められる。それがわかれば、何カ月滞在したとし

ても、そのあいだの月の数を掛けることで、全体の滞在費が計算できる。この問題では、8カ月滞在するといくらかかるかと聞かれているのだから、8を掛ければいい。このときあなたが行う計算は、レコードの「3の法則」の指示による計算と同じであることがわかるだろう。ちがうのはただ、割り算（16÷3）をしたあとで、掛け算をする［(16÷3)×8］という点だけだ。結果的に、答えは同じになる。

それからレコードはすぐに、さらに複雑な問題に移っていくが、どれも同じような考えかたで解くことができる。以下はその一例だ。

「ある法律（畑を多くすることが目的）の定めるところによれば、羊を飼っている者は全員、羊10頭につき1エーカーの土地を耕して畑に変えなければならない。またそれとは別に、羊の餌として4頭につき1エーカーの牧草地が必要である。そこに金持ちの牧羊業者が現れる。この男は7000エーカーの土地を有し、法律の許すかぎり多くの羊を飼おうとしている。彼は何頭の羊をもてるであろうか？」

この問題を解くにはさまざまなやりかたがあるが、いまから紹介するのは、これまで使ってきたのと同じ方法にもとづくものだ。つぎの表を見てみよう。

羊	開墾される土地(エーカー)	牧草地(エーカー)	合計
10	1		
4		1	
20	2	5	7

この問題によれば、農夫は羊10頭を飼うのに1エーカーの土地を畑にしなければならず、さらに羊4頭につき1エーカーの牧草地が必要である。4と10の最小公倍数（103ページを参照のこと）は20である。さっきの情報から、もしある農夫が20頭の羊を飼っていれば、耕して畑にしなければならないのは2×1エーカー、牧草地として必要なのは5×1エーカーとなる。つまり、羊20頭につき、全体で7エーカーの土地が必要になるのだ。しかしこの「金持ちの牧羊業者」は、7000エーカーの土地を自由にできる。つまり、こういうことだ。

羊	開墾される土地(エーカー)	牧草地(エーカー)	合計
20	2	5	7
20000			7000

7000エーカーの土地は7エーカーの1000倍なので、この牧羊業者が飼うことのできる羊は1000×20頭となる。これはたいへんな数だ。世話するだけでまちがいなく手一杯だろうし、しかも当時の羊は現在の羊よりずっと攻撃的だった。レコードの本に登場する「学者」はこう言っている。「いまの羊はきわめて獰猛で、きわめて力が強く、ライオンでもなければ歯が立たない」

パズル 29 ルワンダでは、毎月最後の土曜日には、全国民が国のために労働しなければなりません（ウムガンダ作戦と呼ばれる制度）。40人のルワンダ国民が5時間で400本の苗木を植えられるとすれば、40人のルワンダ国民は6時間で何本の苗木を植えられるでしょう？

3 単純に比例しそうで比例しないものもある

 もちろん、注意しなければならない点もある。こういった比例の考えかたを、やたらなんにでも適用するわけにはいかない。比例が当てはまらない状況はたくさんある。一方が2倍になればもう一方も2倍になる、とはいえない例はいくらでも存在するのだ。その場合、これまで話してきたタイプの方法は使えない。たとえば、あるものを2倍の量買えば、払うお金も2倍になる、とはいえないことも多い。大量に買えば、おそらく値引きがあるからだ。

 なかでも、長さと面積、あるいは長さと体積が比例するというのは、非常によく見られる思いこみだ。要するに、ある形の長さが2倍になれば面積も2倍になる、もしくは、ある物体の長さが2倍になればその体積も2倍になると考えがちだということだ。

 だが、もしあなたがそうしたミスを犯したことがあったとしても、慰めになる事実がある。あなたのミスは、人間の精神の永続性を証明するものなのだ。少なくとも、古代ギリシアの有名な哲学者ソクラテスは、そういった種類のミスを活用している。プラトンとの対話篇『メノン』のなかで、彼はある奴隷の少年を議論の一部に取り上げ、この概念を証明しようとした。砂の上に2×2の四角形の図を描き、その長さと面積はいくつになるかと少年にたずねたのだ。

少年は、辺の長さは2で面積は4だと正しい答えを言う。するとソクラテスは、その2倍の大きさの正方形の面積はいくつかとたずね、少年はまた正しく8だと答える。ソクラテスのつぎの質問はこうだ——では、その大きな正方形の辺の長さはどうなるか？　すると少年は答える。「もちろん2倍になるよ」
　この少年は、辺の長さと面積が直接的に比例すると考えている。ある形の面積が2倍になれば、辺の長さも2倍になると思っているのだ。それからソクラテスは、1辺の長さが4である正方形の面積が16であることを示しにかかる。少年はひどく頭が混乱し、面積が8の正方形の辺の長さがどうなるかはさっぱりわからないと認める。あなたもきっと、同じような困惑を感じた記憶があるのではないだろうか——そう、先生の口から、なんの意味もないような、自分の住む世界とは縁もゆかりもないような言葉が飛び出してきたときに。
　しかしソクラテスは、少年の考えかたに喜び、きみが正しい答えを知らないのに気づいたのはいいことだと言う。実のところ、まちがった答えを正しいと思いこんでいるよりはずっといいと。そして土の上に、別の絵を描いてみせる。

ソクラテスはこの図形にまつわるいろいろな質問をして、少年が自分の考えかたのまちがいを正すのを助ける。外側の大きい正方形の面積が16であることは、少年も認めるのにやぶさかでない。また彼はその前に、これが1辺の長さが4の正方形の面積であることも認めている。そして図をよく見ることで、内側に太い線で描かれた正方形の面積が外側の正方形の面積の半分である、つまり、その面積は8だという結論に達する。さらに少し考えを進めたあとで、太い線の正方形の辺は、2×2の正方形の対角線であることに気づく。したがって、面積が8の正方形の1辺の長さは、2×2の正方形の対角線の長さに等しいという結論に達する。そこで彼は考えるのをやめるが——ほかに仕事があったのだ——ピュタゴラスの有名な定理を使えば、2×2の正方形の対角線の長さは正確に計算できただろう。答えはおよそ2.8だ。

パズル 30　ある日の未明、暴徒のグループの襲撃があり、あなたの美しい新妻がさらわれてしまいました。あなたがやっと起きたとき——あなたはちょっとやそっとでは目を覚まさないことで有名なのです——誘拐犯たちはすでに40マイル離れた場所にいました。あなたはすぐ追跡にかかりましたが、23マイル進

んだところで、もう追いつけないと思い、あきらめます。でも実は、あなたが引き返した時点で、グループとの距離は 32 マイルまで縮まっていたのでした。あなたがもし追跡を続けていれば、あと何マイル進んだところで追いついていたでしょう？

少し難しい比例の計算

　長い年月を経た古典的な数学の問題には、比例が関係しているものが多い。たとえば、こんな問題がある——あるくぼ地に、水がさまざまなパイプからさまざまなペースで注ぎこまれるとして、くぼ地が一杯になるのにどれだけの時間がかかるか？　このタイプの問題が初めて現れるのは古代中国の数学書だが、それ以降もさまざまな文化の書物に登場している。いまから紹介するのは、知られるかぎり最も古い例——古代中国の最も重要な数学書『九章算術』にあった問題だ。この書物は、紀元前300年より少しあとに書かれたものだが、著者は不詳である。

　「5本の川が流れこむくぼ地がある。1本目の川だけなら、そのくぼ地は1/3日で一杯になる。2本目の川だけなら1日、3本目の川だけなら2 1/2日、4本目の川だけなら3日、5本目の川だけなら5日かかる。もしすべての川から水が一度に流れこむとすれば、くぼ地が一杯になるにはどれだけの時間がかかるか？」

この問題にはいろいろな解きかたがあるが、ここでは、わたしたちが先ほど頼ったような比例の考えかたを使う方法を紹介する。やはり、与えられた情報を表にしてみよう。

	1本目の川	2本目	3本目	4本目	5本目
1/3日	1くぼ地				
1日		1くぼ地			
2 1/2日			1くぼ地		
3日				1くぼ地	
5日					1くぼ地

この場合のコツは、それぞれの川がくぼ地を一杯にするのにかかる日数の公倍数（101ページを参照のこと）を見つけ、その時間のあいだにそれぞれの川がくぼ地を何回一杯にできるかを計算することだ。この場合、1/3、1、2 1/2、3、5の公倍数は15なので、その15日間にそれぞれの川がくぼ地を何回一杯にできるかに注目する必要がある。

	1本目の川	2本目	3本目	4本目	5本目
1/3日	1くぼ地				
1日		1くぼ地			
2 1/2日			1くぼ地		
3日				1くぼ地	
5日					1くぼ地
15日	45くぼ地	15くぼ地	6くぼ地	5くぼ地	3くぼ地

15日間でどうなるかという結果は、単純な比例の考えかたによって求められる。たとえば、1本目の川はくぼ地を1/3日で一杯にする。つまり、1日でくぼ地を3回一杯にできるということで、15日では45回になる。

3本目の川は、2 1/2日でくぼ地を1回一杯にするということで、5日では2回、15日では6回になる。ほかの川も、同じような計算で結果を出せる。

したがって、すべての川がいっしょに流れこむとしたら、このくぼ地を15日間で、45＋15＋6＋5＋3、つまり74回一杯にできるということになる。これがわかれば、また比例の理論を使って、すべての川が1回だけくぼ地を一杯にするのに何日かかるかが割り出せる。

15日	74くぼ地
15÷74	1くぼ地

すべての川がくぼ地を1回一杯にするには、15/74日（およそ292分）かかるということだ。

比例の問題を解くのは、単なる物好きのひまつぶしではない。重要人物からの尊敬や賞賛を得られることもあるのだ。古代ギリシアの数学者アルキメデスは、日曜大工も得意で、故郷の町シラクサをたえず攻撃してくるローマ軍を打ち破るために、戦争機械の製作に特別な関心をもっていた。そして、敵の船に向けて石を投げつける巨大な弩（いしゆみ）、敵の船をはさんでひっくり返す巨大なやっとこ、太陽光線を集めて敵を燃やす強力な鏡などを考案した。というか、話にはそう伝わっている。

だが当時もいまと同様、大事なのは世に知られることだった。人はチャンスをつかまなければならない。アルキメデスはもともと、ヒエロン王の宮廷で棚を作ったり天井を補強したりする、ごくありふれた職人だった。そんな彼に、ある日チャンスが訪れた。王が自分の影像を

発注したとき、像の頭の上に黄金の王冠を載せよという要望を出し、そのための金を職人に渡した。だが職人ができあがった王冠を持ってくると、王はある疑いを抱いた。この男は金の一部だけを銀と混ぜて使い、残りの金を自分のものにしたのではないか。しかしそのことを示す証拠はない。

そこにアルキメデスが登場する。彼はまだ、パンツ一丁（しかもいちばん新しいのではない）を身につけただけの姿だった。ある物体と置き換わった水の体積は、物体そのものの体積と同じであることを発見し、興奮のあまりシラクサの街を素っ裸で走りまわってきたのだ。いまこそ、この発見を活用する絶好のチャンスである。この話の詳細は正確には知られていないが、アルキメデスが測定したところ、王冠の重さは 2 kg、体積は 20 cm^3 だったとしよう（水を一杯に張った桶に入れて、こぼれ出した水の量を測ればいい）。それから 2 kg の金と 2 kg の銀を調べてみると、それぞれ 15 cm^3、30 cm^3 の体積と置き換えられることがわかった。

アルキメデスはこの情報から、この職人がどれだけの金を王冠の製作に使い、どれだけを自分のものにして、アヤ・ナパで酒びたりで過ごす週末に充てたかを正確に計算した。王はいたく感じ入り、アルキメデスの富と名声は確固たるものとなった。それからやっと、彼は服を身につけることができたのだ。

あなたも、自分にアルキメデスに匹敵する知性があるかどうかを知りたいのではないだろうか。そう思って、

彼がこの問題をどう解いたかをくわしく紹介するのは控えることにする。しかし天才に張り合おうとするのは容易ではないので、あなたが正しい方向に進みはじめられるように、二、三ヒントをお伝えしておこう。

王冠が金と銀を混ぜたものでできているとして、金の重さを w_1、銀の重さを w_2 としよう。この情報から、2つの方程式を書くことができる。1つめは、王冠の重さが2kgだという事実から表されるもの。2つめは、王冠の体積が20 cm³ だという事実から表されるものだ。

2つめの等式を解くほうが難しい。つまり金（w_1）の占める体積と、銀（w_2）の占める体積を計算しなければならないのだ。つぎの表は、金（w_1）の体積を求めるのに役立つだろう。

金の重さ(kg)	金の体積(cm³)
2	15
4	2×15=30
1	1/2×15=7 1/2
2/3	1/3×15=5
w_1	?

ただしこうなると、たいへん残念なことに、あなたには2つの方程式を見つけて、さらに連立方程式を解いてもらわなければならなさそうだ。こういう方程式の解きかたは、第3部でくわしく説明する。

つぎにこんな問題を見てみよう。「6人の耕作人が5日で45エーカーの土地を耕せるとしたら、6日で300エーカーの土地を耕すには何人の耕作人が必要ですか？」

第2部 比例計算から分数、百分率まで 91

　この問題はさっきの問題よりも複雑である。というのは、反比例の要素がふくまれるからだ。6人の耕作人が5日で45エーカーの土地を耕せるのなら、3人なら10日、12人なら2.5日かかる。つまり、耕作人の数を2倍にすれば、耕すのにかかる時間は半分になり、耕作人の数を3分の1にすれば、耕すのにかかる時間は3倍になるということだ。

　この問題には3つの変数がある。耕作人の数、耕される土地（エーカー）、耕すのにかかる日数だ。まずどこから始めるか。3つの変数のうち2つに注目し、もう1つはそのままにしておくのがベストだ。だからここでは、耕作人の数と、45エーカーの土地を耕すのにかかる日数のことだけを考えよう。

耕作人の数	耕される土地(エーカー)	耕すのにかかる日数
6	45	5
1	45	30
5	45	6

　6人の耕作人が5日で45エーカーの土地を耕せる、というのが、この問題で与えられた最初の情報である。
　ここで求められているのは、ある面積の土地を6日間で耕すのに必要な耕作人の数だ。したがって、この期間で45エーカーを耕すのに必要な耕作人の数を求めるのは意味のあることだろう。すでにわかっているように、耕作人の数を増やせば、同じ面積を耕すのにかかる日数は減るのだ。
　1人の耕作人が45エーカーを耕すのにかかる日数を

求めるのも、役に立つだろう。それがわかれば、耕作人が何人いたとしても、同じ面積を耕すのにかかる日数が計算できるようになるからだ。6人の耕作人で5日かかるとすれば、1人の耕作人ならその6倍かかる（つまり30日）。また1人の耕作人で30日かかるとしたら、同じ面積の土地を6日で耕すためには、その5倍の耕作人が必要になる。つまり6日で45エーカーを耕すには、5人の耕作人が必要だということだ。

　この問題で求められているのは、6日間で300エーカーを耕すのに必要な耕作人は何人であるかを計算することだ。そこで今度は、耕すエーカーの数を考えよう。だが、難しい部分はもう終わっている——反比例はすでに片づけた。あとは正比例の関係だけ。耕作人が多くなるほど、耕せる土地も増える。つまり、

耕作人の数	耕される土地（エーカー）	耕すのにかかる日数
5	45	6
5/45=1/9	1	6
300×1/9=33 1/3	300	6

　ここでもやはり、最初のステップとして、6日で1エーカー耕すのに必要な耕作人の数を求めるのが有効だ。この日数では、5人の耕作人が45エーカーを耕せる。つまり同じ日数のあいだに、1/9人の耕作人が1エーカーを耕せるということだ（人間が1/9という穏やかでない表現は、このさい気にしないように）。したがって、6日で300エーカーを耕すのに必要な耕作人は、33 1/3人となる。

耕作人が33 1/3人というのは、おかしな数だ。人間が1/3、などという話はありえない。いるかいないか、2つに1つのはずだ。したがって、ここは34人の耕作人を雇うべきだろう。そして毎日だれか1人に、ふだんの時間の1/3働いたら帰っていいと伝えるのだ。あるいは、34人の耕作人を雇ったが、そのうちの1人が信じられないほどの怠け者で、ほかの人の3倍ゆっくりにしか働かない、という場合も考えられる。どちらがいいとは言えない──あなたのお好みしだいだ。

ピザ4枚の8等分はピザ半分

パズル 31 つぎの図のグレーの部分の全体に対する比を分数で表すとどうなりますか？

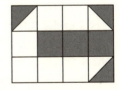

たいていの人は、2分の1や4分の1といった1つの分数だけなら、それがどういう意味かは問題なく理解できる。これらは基本的に、ものを切り分けるうえで役に立つ尺度だ。1枚のピザを5人で分けるとしたら、均等

に5切れに分けなければならない。その1切れがピザの5分の1枚ということになり、分数を使うことで何切れあるかを数えられるのだ。

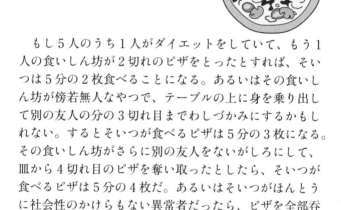

　もし5人のうち1人がダイエットをしていて、もう1人の食いしん坊が2切れのピザをとったとすれば、そいつは5分の2枚食べることになる。あるいはその食いしん坊が傍若無人なやつで、テーブルの上に身を乗り出して別の友人の分の3切れ目までわしづかみにするかもしれない。するとそいつが食べるピザは5分の3枚になる。その食いしん坊がさらに別の友人をないがしろにして、皿から4切れ目のピザを奪い取ったとしたら、そいつが食べるピザは5分の4枚だ。あるいはそいつがほんとうに社会性のかけらもない異常者だったら、ピザを全部呑みこんでしまうかもしれない。この場合はピザを5分の5枚食べることになるが、これはピザをまるごと1枚食べるというのと同じことだ。

　この「5分のいくつ」といわれるものをつくりだしてしまえば、あとはいくらでも好きなだけその尺度を延ばしていくことができる。5分の6枚は、ピザまるごと1枚に別の5分の1枚を足したもの。5分の20枚は、ピ

ザまるごと4枚と同じだ。べつにピザにこだわる必要はない。この尺度はなんにでも当てはめられる。ただ、均等に5つに分けるということだけ覚えておけばいい。5分の1メートル、5分の1秒、本が5分の1冊、サルが5分の1匹……

2枚のピザを4つに切り分ける（つまり、2枚のピザを均等に4切れにする）こともできる。すると2枚のピザの4分の1とは、1枚のピザの半分であることがわかるだろう。あるいは4枚のピザを8等分する（つまり4枚のピザを均等な8切れにする）こともできるが、4枚のピザの8分の1とは、やはりピザ2分の1枚であることがわかる。分数を使った計算をしようとすると、そういったところがややこしくて、うんざりしてくることが多いのだ。

パズル 32　数字の9を4つだけ使って（＋や－といった演算符号は使えません）、100に等しい数を書くことは可能でしょうか？

6 エジプト人が分数を使うときの変わったルール

分数という存在に対するエジプト人の反応を見ていると、あきらかに苛立ちが感じられる。彼らは、分子（上のほうの数）が1であるような分数（いまは単位分数と呼ばれている）しか受け入れようとしなかった──例外

は、2/3 と 3/4 だけだ。

　怒りにまかせて分数の使用を制限した結果、エジプト人たちはひどい頭痛に襲われることになった。たとえば、17 個のパイを 10 人で分けるという場合、まず全員にパイを 1 個ずつ配るまではかんたんだが、残りの 7 個を公平に分けるのはきわめて面倒なことになる。全員に 7/10 ずつ配るというわけにはいかない。彼らには 7/10 という数は理解できないからだ。また、ひとりひとりが 1/10 + 1/10 + 1/10 + 1/10 + 1/10 + 1/10 + 1/10 だけもらえる、と書くこともできない。彼らはなぜか、同じ分数を何度も重ねて書くのを禁じる決定を下していたのだ（最終的にとなり町のスーパーマーケットまで行くはめになるのをいやがったのだろうか）。実際のところ、彼らは単位分数を使うにあたり、きわめて独特なルールを編み出した。7/10 といった分数を表すために、いろいろな単位分数を、なるべく少ない数だけ組み合わせようとしたのだ。しかもかならず、分母が大きな数になるほうから順番に書くことになっていた。つまりエジプト人にとって、7/10 は 1/5 + 1/2 となる。

　パイを切り分けるための、この奇妙な方法からは、2 つの結果がもたらされることになった。1 つめは、さっきのような問題を解くために、専門の書記が割り算の表をせっせとつくりだしたこと。そして 2 つめは、誕生日のパーティで、ホストがかならず来客と同じ数のケーキを用意するようになったことだ。だから予告なしにパーティを欠席するというのは、非常にまずいことだった。そ

第2部　比例計算から分数、百分率まで　97

んなことをしようものなら、ホストは余ったケーキを切り分けるのに四苦八苦し、何日も消えない心の傷を負うことになっただろう……

パズル
33

今週末、わたしは自分の家の庭にいるリスたちの4分の1を撃ち、あなたはあなたの家にいるリスたちの半分を撃ちました。ところが動物愛護の活動家たちは、わたしのほうがリスの大量殺戮者だと言って、わたしの家に火炎びんを投げこみました。なぜそうなるのでしょう？

7 「分子と分母に同じ数を掛ける」の意味

　この先を読み進める前に、古代エジプト人はすばらしく頭のいい人たちだったが、彼らでさえ分数の扱いにはたいへんな苦労をしたということを覚えておいてほしい。エジプトだけではなく、ほかの古代文明も同様だ。ローマ人もこの概念を理解するのに悪戦苦闘したが、けっきょく毎日の商取引に出てくるさまざまな分数を表す言葉を考えついただけで、その数も限られていた。ローマの重さを示す単位は、アスと呼ばれていた。1アスは12アンシアに相当するので、分数を表すローマの言葉は、12分の1と結びつく傾向があった。1/12はデウンクスと呼ばれ、6/12はセミス、1/144（12分の1の12分の1）はスクリプルムと呼ばれていた（最後の単語など、数の名前というより、何やら痛みをともなう体の不調を

連想させる)。分数をそれぞれの名前の形でしか表せなかったために、結果的にそれを使って計算をするのはおそろしく難しくなってしまった。

実のところ西暦500年ごろまで、わたしたちになじみのあるような形で分数を扱う方法は、だれも思いついていなかった。初めてその段階に達したのはインド人だが、それは十進位取り記数法という発明のたまものだった。インド人による分数の記数法は、アラブ世界を経由してヨーロッパに伝わり、そこで分数の2つの数字を線で区切る習慣が考え出された。この線は括線という名前で呼ばれている。インド生まれの分数が初めて西欧の世界に現れるのは13世紀初頭、イタリア人数学者ピサのレオナルド（フィボナッチという名でも知られる）の著作においてだが、一般に広く使われるようになるのはさらにずっとあとのことだ。

パズル 34 目盛りのない7cmの物差しと、目盛りのない11cmの物差し、それにエンピツが1本あります。これだけで15cmの長さを測るには、どうすればいいでしょう？

これほど大勢の人たちが分数の概念を考え出すのに四苦八苦してきたことを思えば、あなたがそれを扱おうとするだけでも、まったく大したものだといえる。まず最初に、同値の分数に注目しよう。これは、一見ちがっているようだが実は同じ、という分数のグループだ。すでにある分数と同値の分数を見つけるには、「分子（上の

数）と分母（下の数）に同じ数を掛ければいい」。つまり、最初に 2/3 があるとしたら、分子と分母に 2 を掛ければ 4/6 になる。これは実のところ、2/3 と同じなのだ。もし分子と分母に 3 を掛ければ、6/9 となるが、これも同じ。分子と分母に 4 を掛ければ……もうおわかりだろうか。

わたしも学校時代、たぶん少なくとも 30 分かけて、2/3 と同じ値の分数を書き出した記憶があるが、家に帰ったとたんに「分数の上と下の数に同じ数を掛ける」というテクニックは頭から消し飛んでしまった。ただ数をあれこれいじっているだけでは、なぜ現実にそうなるかがぴんとこないからだ。あきらかにそうなるという理由を示してみせるには、絵が必要になってくる。この目的に最適なのは、チョコレートバーの絵である。というか、先生はチョコレートバーと呼ぶけれど、ほとんどいつもただの長方形にしか見えないものの絵だ。

長方形を 1 つ描き、それを 3 等分して、2/3 を濃く塗れば、こんなふうになる。

そして、長方形のなかの 3 つの断片をそれぞれ 2 等分すれば、断片の数が 2 倍になり、濃く塗られた断片の数も 2 倍になる。これで 2/3 は 4/6 とまったく同じであることを示せると同時に、長方形が少しチョコレートバーらしく見えてくる。

もとの長方形のなかの断片をそれぞれ3等分し、断片の数を3倍にすれば、濃く塗られた断片の数も3倍になる。これで2/3は6/9に等しいことが示せる。

もし断片をそれぞれ4等分すれば、2/3は8/12に等しいことが示せる。

実のところ、断片をそれぞれ好きな数で等分していけば、2/3に等しい分数はいくらでも無限につくりだせるのだが、いまはここで止めておいたほうがいいだろう。

長方形を描いてあなたの好きな分数を表すことや、それに等しい分数をつくりだすことは可能である。もとのチョコレートバーの断片をいくつかの数で等分するという手順は、「分子と分母に同じ数を掛ける」ことと同じなのだ。このルールはとどのつまり、理にかなっている。

パズル 35 ある調査によると、フランス人60人のうち41人が、「イギリス人は最上の料理がソーセージのトマトケチャップ添えだと思っているならず者の集団

だ」と言いました。また別の調査によると、イギリス人50人のうち33人が、「フランス人はカエルやカタツムリを殺して楽しむくせに、戦争ではろくすっぽ戦えない自分勝手な俗物どもだ」と言いました。イギリスにおけるフランス愛と、フランスにおけるイギリス愛とでは、どちらのほうが強いでしょうか？

8 折り紙で納得！分数の足し算・引き算

わたしの記憶が確かならば、わたしが学校で教わった分数の足し算（および引き算）のやりかたはこうだ。

① どちらの分数の分母でも割りきれる数（公倍数）を見つける。

② 両方の分数の分子と分母に、その分母が①の数になるのに必要な数を掛け、そうしてできた分数をもとの分数と置き換える。

③ その新しい分数の分子どうしを足し（引き）、分母はそのまま変えずにおけば、計算の答えが出る。

たとえば、2/5 と 1/3 を足すには

① 5でも3でも割りきれる数（最も小さいのは15）を見つける。

② 2/5 のほうには、5を15にするために3を掛ける。同じ分数にするためには、分子のほうにも3を掛けなければならない。その結果、6/15 になる。

1/3 のほうには、3を15にするために5を掛ける。

同じ分数にするために、分子にも5を掛ける。その結果、5/15になる。
③　この2つの新しい分数の分子どうしを足す（5+6=11）。計算の答えは11/15。

声に出されない疑問が聞こえてくるようだ——「なぜ？」と。なぜそんなふうにすれば、分数どうしを足すことになるのか？　たとえば、2/5と1/4という2つの分数を足すとしよう。この2つの分数は、紙を4つと5つに折って、該当する部分を濃く塗ることで表せる。この場合、もとの1枚の紙は、「全体」に等しい。

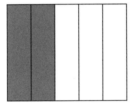 

この問題で求められているのは、別々の2枚の紙の濃く塗られた部分を合わせると、1枚の紙の上ではどれだけの大きさになるか、ということだ。しかし「5分のいくつ」という数と「4分のいくつ」という数を比較することはできない。「5分のいくつ」をどれだけ集めれば「4分のいくつ」になるか、知りようがないからだ。

この問題を解くには、1枚目の紙を横向きに4等分に折り、つぎに2枚目の紙を5等分に折ればいい。こんなぐあいだ。

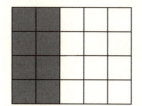 

　紙を縦向きに5等分に折り、横向きに4等分に折れば、全体で20等分に折ったことになる。20は5でも4でも割りきれる数だ（実のところ、そうしたなかで最も小さな数でもある——これは最小公倍数といわれる）。これがルール①の説明となる。大まかにいえば、この「折る」テクニックを使って2つの分数どうしを足すとき、両方の紙を2度目に折ったあとでできる部分の数は、あなたが足そうとしている2つの分数の分母の倍数になる。

　5分の2を等しい4つの部分に分けたのだから、5分の2は20分の8に等しい。同じように、4分の1を5つの等しい部分に分けたのだから、4分の1は20分の5に等しい。これはつまり、2/5の分子と分母を4倍し、1/4の分子と分母を5倍するのと同じだ。ここからルール②が導き出される。4と5は、両方の分数の分母にそれぞれ掛け合わせると20になる数だからだ。

　最後に、この問題では、2/5と1/4を足し合わせたとき、1枚の紙のうち濃く塗られた部分がどれだけになるかが問われている。図を見れば、それが13/20であることがわかる。8/20と5/20の両方の分子（上の数）を足したわけで、これはルール③が言っていることと同じだ。

パズル 36
3人の候補者が選挙で戦い、ある候補者は全体の票数の半分を獲得し、別のある候補者は全体の票数の5分の2を獲得しました。3人目の候補者の票が全体に占める数を分数で表しなさい。

これでおわかりだろう。このテクニックを使えば、どんな分数でも足したり引いたりすることができる。そしてそれぞれの段階は、わたしが学校で教わったルールのひとつに一致する。

パズル 37
あるライオンが深さ20メートルの縦穴に入れられています。ライオンは毎日、穴の側面をなんとか1/2メートルずつよじ登りますが、毎晩1/3メートルずつずり落ちてしまいます。このライオンが穴から出るまでに何日かかるでしょう？

もしあなたが、通常の生活のなかで分数の足し算をするはめになったときには（そんなことはめったにないだろうが）、紙を折るテクニックをおすすめするつもりはない。紙とエンピツを使う方法のほうが手っ取り早いだろう。それでも、「ルール」が理にかなったものであることを知っておくのは、悪いことではない。

折り紙で納得！
分数の掛け算・割り算

足し算はもういいだろうか？　分数の掛け算はどうだ

ろう？ 分数の足し算のややこしいルールのあとで、掛け算のルールは、ただ「上の数どうしを掛け、下の数どうしを掛ける」だけだと言われると、いささか拍子抜けしてしまう。拍子抜けどころか、実はうそなんじゃないかと思えてくるほどだ。

このタイプの問題もやはり、長方形で考えるのが最もかんたんだ。「1/5×1/4 は何になるか？」は「1/4 の 1/5 は何になるか？」という問題に等しい（これは掛け算の性質にもとづいている。「2×3」は「3 のまとまりが 2」、「3×4」は「4 のまとまりが 3」に等しい。同じように、「1/5×1/4」は「1/4 のまとまりが 1/5」、あるいはただ「1/4 の 1/5」に等しい）。1/4 は、長方形の上に、つぎのように表せる。

そして 1/4 の 1/5 を表せば、こんなふうになる。

つぎに知りたいのは、これが長方形全体に占める部分を分数で表した数だ。そのためには、ほかの部分もすべて 5 等分して、全体を細かく均等に分ける必要がある。こんなぐあいだ。

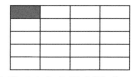

　これで4×5、つまり20個の均等で小さな長方形ができた。小さな長方形の合計の数はかならず、2つの分数の分母どうしを掛け合わせた数に等しい。この問題では、そのなかの1つの長方形が求められているので、答えは1/20になる。

　問題が1/5×3/4（つまり3/4のうちの1/5）だったとしても、まったく同じようにして解くことができる。この場合、4等分されたうちの3つのさらに5分の1ずつ小さな長方形がほしいのだから、答えは3/20になる。

　これまでの例では、問題に出てくる2つの分数の分母どうしを掛け合わせることで、小さな長方形がいくつほしいかを求めた。そして、その2つの分数の分子どうしを掛け合わせて、もとの長方形にふくまれる小さな長方形の数を求める。この手順は、どんな2つの分数を掛け合わせるときでも有効で、ただ「上にある2つの数と下にある2つの数を掛ける」というのと同じことになる。

パズル 38　つぎの2つの正方形は、さまざまな部分に分割されています。それぞれの部分がもとの正方形に占める量を分数で表しなさい。

a　この問題では、AとBはどちらも、正方形の1辺の中間にある。

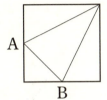

b　CとDはどちらも、近いほうの角から1/4のところにある。

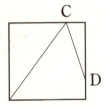

けっこう。これでわたしたちは、足し算と引き算、さらには掛け算までマスターした。あと残っているのはただひとつ。分数の割り算だ。あなたも学校でこう言われただろう。「分数を分数で割るには、2つめの分数をひっくり返して掛ければいい」聞いただけではまるで不合理な、どうしても解けない問題にぶつかったときの窮余の一策のように思える——何がなんだかよくわからない

ときは、紙の上の数を適当に動かしてから、等号を書いて計算の一部を消し、その最後に思いきって答えを書いてしまえ、とでも言われているように。

2/3÷1/6 という問題を見てみよう。これは、「1/6 がいくつ集まれば 2/3 になるか？」という問題として考えればいい。ただしこの問題の答えはすぐにはわからない。「6分のいくつ」と「3分のいくつ」はかんたんには比較できないからだ。だがこれは、分数どうしを足そうとしたときに出てきたのと同じタイプの問題である。だから、あの状況で使った同じやりかたを用いれば、2/3 と 1/6 という2つの分数は、2枚の紙を折ることで表せる。こんなふうに。

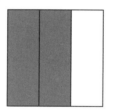

それから、1枚目の紙を横向きに6等分に折り、2枚目の紙は横向きに3等分に折る。こんなぐあいだ。

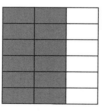
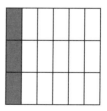

つまりこの問題は、「3/18 がいくつ集まれば 12/18 になるか？」に言いかえられるのだ。1/18 が小さな長方形 1 つに相当する右の図で考えれば、こういう問題になる。「長方形 3 つからなるまとまりがいくつ集まれば、長方形は 12 になるか？」これで、もとの分数の問題が、自然数しか出てこない問題に変わり、4 という答えがかんたんに導き出せる。そしてやはり、このテクニックはどんな分数の割り算にも使える。どの場合も目的はひとつで、問題に出てくる 2 つの分数と値の等しい、どちらも同じ分母をもつ分数を見つけることだ。そうすれば、もとの問題を、2 つの自然数による単純な割り算に変えることができる。

10 小数の発明と、小数点をめぐる争い

小数とは、分数の特別な書き表しかたである。わたしたちの現在の記数法を 1 より小さな数に当てはめるときに使われるものだ。5472 という数の場合、それぞれの数字の値は、その数字がどの位にあるかによって決まる。2 は一の位にあるので、その値は 2×1（つまり 2）。7 は十の位にあるので、その値は 7×10（つまり 70）、4 は百の位にあるので、値は 4×100（つまり 400）。5 は千の位にあるので、値は 5×1000（つまり 5000）。よくできているのは、右から左へ向かって進むにつれ、それぞれの位の値が十の 1 乗、2 乗、3 乗というように増えていく

ことだ。「百」のつぎの位は「千」で、そのつぎの位は「万」、さらに、十万、百万……というぐあいである。わたしたちが加減乗除に用いるルールはすべて、この位どうしの関係にもとづいている。

　小数というものが生まれたのは、時間をかけて分数をいじったりひっくり返したりするよりも、ふつうの加減乗除の手順を分数に適用できればずっと便利だろうと多くの人たちが気づいたからである。

　一部の古代文明では、自分たちの記数法を拡張して、分数も扱えるようにしようとした。その試みに最も成功したのはバビロニア人だ。あの六十進法と十進法をミックスした位取り記数法を考え出した人たちである。彼らはその記数法を1より小さな数にまでうまく拡張した。つまり、もし彼らにとっての「三千六百の位」から始めて右に向かうとすれば、つぎの位は「六十の位」、そのつぎは「一の位」、そのつぎは「六十分の一の位」、そのつぎは「三千六百分の一の位」となる。左から右へ進むにつれ、どの位の値も1つ前の位の値の六十分の一に減っていくのだ。もし必要なら、このパターンに従って、さらに位をつくりだすこともできる。ところがバビロニア人は、いわゆる小数点に相当するものを何も発明しなかった。だから彼らが書き記した数はすべてあいまいである。当の数が現れる文脈に注意しなければ、数字のひとつひとつがどの「位」にあるかを判断することができないのだ。

　つぎのバビロニアの数を見てみよう（＜が「十」を、

Yが「一」を表すことを思い出してほしい)——

    << Y < YYYY <<< Y

これは 21 14 31 と書きかえられるが、実際に (21×60) + (14×1) + (31×1/60) という意味なのか、あるいは (21×1) + (14×1/60) + (31×1/3600) なのか、あるいは (21×3600) + (14×60) + (31×1) なのか、あるいはそれ以外の可能な組み合わせのどれかなのか、判断するのは不可能だ。しかも、バビロニアにはゼロを示す記号が存在しなかったので、どれかの位が空白であることを表す方法がない。実のところこの数は、(21×3600) + (0×60) + (14×1) + (0×1/60) + (31×1/3600) であってもおかしくないのだ。

わたしたちがふだん使っている記数法に注目すると、アラブ人がそれを拡張して小数を表しはじめたのだが、16世紀の後半までは、だれにもそうした方式がうまく機能することを十分に説明することはできなかった。大きな進展が訪れたきっかけは、ベルギー人数学者のシモン・ステヴィン (1548 - 1620) の著作だった。その本はこういう簡潔きわまる題名で英語に訳されている。『小数:十進演算の技術、分数のない自然数による、一般数学の4つの原理、すなわち加減乗除による、計算法の教授』

ステヴィンは、すべての人々に「分数のない整数により、男性にとって必要なあらゆる計算を、いまだかつてないほど平易に行うための方法」を教えることが自分の

目的だと言った。そしてこの本のなかで、2つの小数どうしの加減乗除のやりかたをくわしく説明している。ちなみに女性にとっての計算にどんな不都合があると彼が考えていたのか、わたしにはわからない——ひょっとすると、彼は旧弊な性差別主義者で、女性のやる計算はなんら論理的なパターンに従わないとでも思っていたのだろうか。

だがステヴィンは、わたしたちがいま使っているような表記は用いなかった。たとえば、364.957を表したいとき、彼は364 (0) 9 (1) 5 (2) 7 (3) と書いた。364 (0) とは「一」が364ある、ということで（ステヴィンはこの自然数の部分を「コメンスメント（始まり）」と呼んでいる）、9 (1) は十分の九、5 (2) は百分の五、7 (3) は千分の七を示す。(1) は「分数の一番目の位」（つまり十分の一の位）を表し、(2) は「分数の二番目の位」（つまり百分の一の位）を、(3) は「分数の三番目の位」（つまり千分の一の位）を表すものだ。この方式を必要に応じて拡張していけば、どんな小数でも表記できるようになる。ステヴィンはこの (1) (2) (3) ……を「サイン」と呼んでいる。

その後も数学者たちが、小数を書き表すあらゆる方法を考案した。すると世界各国の政府は、そのなかからどの表記を選ぶかを決める必要に迫られた。当然ながらどの政府も、自分たちの国にはどれが最適かという点で異なる見解をもっていた。そんなふうに世界の強国がそろって、自然数と分数を区分するためのベストな方法も決

められないのなら、地球温暖化に対処するベストな方法について世界的な合意が得られると期待するのもなかなか難しそうだ。

　印刷技術の発明にともない、数を自然数の部分と分数の部分に分けるうえで最もかんたんな方法は、そのころすでに存在していた句読点を使うことだった。つまり、コンマ (,)、ピリオド (.)、ポイント (・) だ。しかし、だれもこの3つのうちどれにするか決められずにいた。フランス人はコンマを選ぼうとした。彼らはすでに、印刷されたローマ数字を読みやすくするためにピリオドを使っていたからだ。ところが英語を話す国ではすでに、大きな数の位を分けるのにコンマを使っていた（たとえば、123,456,678）。だとしたら、ピリオドかポイントかということになる。

　だが、どうやって決めよう？　アメリカは、まわりくどいまねはしなかった。ピリオドを使うと決めて、その方針を曲げなかった。いっぽうイギリス政府は、なかなか判断を下せなかった。だれも怒らせたくないという配慮からだったが、案の定かえってみんなを怒らせてしまい、結局はアメリカの例にならわざるをえなくなった。最初はポイントを使おうと決めていた。不幸にして大英帝国の一員とならなかった一部の国では、大きな数を書き記すのにピリオドを使っていたので（たとえば、123.456.789）、混乱を避けようとしたのだ。ところがそのあとで、数学者たちが掛け算を書き表すときにポイントが一般的に使われている（たとえば、3・4=3×4）こと、

小数にポイントを使うことに対して国際的な批判があることを知った。それでイギリスの印刷業者はすごすご引き下がり、19世紀の末にピリオドの使用を決めた。そして現在にいたるわけだ〔日本もこの米英方式を使っている。いっぽう、フランスやドイツなどは、米英方式とは逆で、小数点にコンマを用い、大きな数の位を分けるのにピリオドを使っている〕。

わたしたちの記数法が小数まで表せるように拡張されたことは、人々の計算への取り組みかたに革命をもたらしたが、特に18世紀末にフランスでメートル法が発明されたのが大きかった。たとえば、イギリスの距離を測る単位系では、12インチ＝1フィート、3フィート＝1ヤード、1760ヤード＝1マイルというぐあいに、まるでばらばらな換算がそのつど要求される。おかげで計算は長びき、時間が食われるばかりだった。こうした単位系に代わって登場したのが、はるかに論理的なメートル法である。この単位系では、さまざまな測定単位が、10の累乗で結びつけられるのだ（10ミリメートル＝1センチメートル、100センチメートル＝1メートル、1000メートル＝1キロメートル、など）。そしてステヴィンらが考案した小数のテクニックを使うことで、計算もずっと速くできるようになった。オーストラリアの教育研究審議会は、十進制通貨とメートル法への転換によって、小学校の数学の課程が少なくとも18カ月短縮できると見積もった。しかし現実にオーストラリアがこの改革を行ったのは、やっと1964年になってからだった〔それ

以前は古い十二進法にもとづいたポンド通貨を使っていて、1 ポンド = 20 シリング = 240 ペンスだった〕。アメリカとフランスが十進制通貨を使いはじめたのは、それより 150 年以上も前のことだ。

パズル 39 0 から 9 までの数のうち、すべての奇数（1、3、5、7、9）からなる足し算の式と、すべての偶数（2、4、6、8）からなる足し算の式を考え、両方の答えが同じになるようにしなさい。0 は奇数として使っても、偶数としても使ってもかまいません。この問題を解くには、小数 1 つと、仮分数（分子が分母より大きな分数）1 つを使う必要があるでしょう。

11 小数どうしの掛け算・割り算

　分数を小数に換えるためには、まず最初に、小数を分数に換えるやりかたを知っておくと便利だろう。0.34 を分数に換えるには、それぞれの数字のある位の性質を思い出さなければならない。この場合、0.34 には「一」はなく、十分の三と百分の四がふくまれる。言いかえるなら、0.34 は 3/10 + 4/100 ということだ。これは分数の足し算の方法を使えば、34/100 という単純な形にできる。

　基本的には（右から左へ進むにつれ、位 1 つごとに値が 10 倍になるので）、小数の各位の数字は、そこで使われている最小の位の値の上に並べて書けばいい。さっき

の問題だと、数字は34（より細かくいえば034）で、使われている最も小さな位は「百分の一」である。つまりこの数は34/100に等しい。同じように、2.587という小数だと、数字は2587で、そこで使われている最小の位は「千分の一」である。したがって、この数は2587/1000に等しい。

分数を小数に変える手順は、それよりも複雑だ。その計算には、長除法の手順を利用することになる。だが今回は、最後に自然数の「余り」を出したところで満足するのでなく、さらに割り算を続けなければならない。

たとえば、3/8を小数に直すとどうなるかという問題を解きたければ、長除法と同様に、こう数を配置する。

$$8\overline{)3}$$

以前ならこれを見て、「8は3のなかには1つもふくまれない」と言って首を横に振り、答えは0、余りは3と書くしかなかった。ところが小数が入ってくると、それよりはましなことができるようになる。まず最初にやるべきなのは、小数点（3のあとにひそかに存在する）を書き入れることだ。3とは3.0と同じであり、つまり3.00とも3.000とも、3.0000とも同じである。

$$8\overline{)3.0000}$$

ここから、長除法の手順を使う。前のときのように、割り算を細かく分けて続けていけばいい。ここでの第一段階は、

```
      0
8 ) 3.0000
  - 0
    ─────
    3 0
```

この段階では、「一」が3であるため、8人の人間で分け合えるようなかんたんな「一の位」の数を見つけることはできないとわかる。となれば、つぎに移って、「十分の一の位」に注目する。

```
      0.3
8 ) 3.0000
  - 0
    ─────
    3 0
  - 2 4
    ─────
    6 0
```

この段階で、長除法の手順から、2.4が「十分のいくつ」の形でなら8人でかんたんに分けられる数であることがわかる。1人あたり0.3 (つまり3/10) を受け取れるということだ。2.4が24/10だと考えれば (そうすると、計算のときに2と4のあいだに小数点をふくめずにすむ)、理解しやすくなるだろう。2.4を分け合ったあとに、残るのは0.6だ。この後の位も同じように続けていけばいい。すると、

```
        0.375
    ┌─────────
  8 ) 3.0000
   -  0
      ───
      3 0
     -2 4
     ────
       6 0
      -5 6
      ────
        4 0
       -4 0
       ────
        0 0
```

したがって、3/8 を小数で表せば、0.375 となる。

すべての分数が、小数の形にかんたんに直せるというわけではない。果てしのないループにはまりこむものもある。1/3 を考えてみよう。

```
        0.3333…
    ┌─────────
  3 ) 1.000
   - 0
     ───
     1 0
   -   9
     ───
       1 0
    -    9
       ───
         1 0
      -    9…
```

割り算のある段階での余りが、その前の段階での余りと同じになった瞬間、その過程全体がくりかえしのサイクルにおちいる。3余り1、3余り1、3余り1というように、延々といつまでも続いていくのだ。そこから逃れるために、1/3に等しい小数は0.3̇と書く。この「ドット」は3がずっとくりかえされることを示している。

もっと複雑なくりかえしのサイクルをもつ分数を見つけることも可能だ。たとえば1/7を小数に直してみよう。0.142857142857142857…というように、142857の部分が果てしなくくりかえされる。頭がへんになるのを避けるためには、くりかえされる部分の両方の端にドットをつける。つまり、1/7に等しい小数は、0.1̇42857̇となる。

パズル 40　つぎの図のなかで欠けている記号はなんですか？

こうした小数の背後にある概念が受け入れられれば、自然数の足し算や引き算とまったく同じ手順を使って、小数の足し算や引き算もできる。12.34と2.5を足したいのなら、「百分の一」が4、「十分の一」が8、「一」が4、「十」が1となり、答えは14.84と書ける。

```
  1 2.3 4
+   2.5
―――――――
  1 4.8 4
```

　同じように、小数どうしを掛けるときも、自然数のときと同じく、長乗法の手順を使うことができる。この場合のルールは、掛け合わせる2つの数の小数点のあとに数字がいくつあるか数え、答えとして出た数の小数点のあとにも同じだけの数字があるようにすることだ。たとえば12.2×1.23という計算なら、小数点のあとに、合わせて3つの数字がある。だから答え（15.006）にも、小数点のあとに3つの数がなければならない。

　このルールの説明をするなら、長乗法はよりシンプルな掛け算の連続であるということだ。

　この計算を解くと、こうなる。

```
       1 2.2
×      1.2 3
―――――――――
         3 6 6
       2 4 4 0
+    1 2 2 0 0
―――――――――
     1 5.0 0 6
```

　この長乗法は、問題を実質的に（0.03×12.2）＋（0.2×12.2）＋（1×12.2）に分けている。ここにふくまれる最も小さな掛け算は（0.03×12.2）だが、これは百分の三に、いちばん小さな「部分」として十分の二をふくむ

数を掛けるということだ。十分の二掛ける百分の三は千分の六になる（分数どうしの掛け算をしてみれば、そのことが確かめられる）。だから、答えの「千分の一」の位に6を書かなければならない。

パズル41 あなたは旅回りのセールスマンで、各地の商店主相手にスープの豪華なセットを売り歩くのが仕事です。この1年間で計8400マイルの距離を走破しましたが、そのあいだのガソリン代は平均して1ガロンあたり2.12ポンドでした。あなたの自動車は1ガロンで32マイル走ります。あなたは本社にガソリン代をいくら請求するべきでしょうか？

小数で小数を割るときも、小数どうしを掛けるときと同じようなルールがあると思われるだろうか。だが、そこには一種のごまかしといったらいいのか、小数点をふくむ数で割らなければならないような不幸を避けるためのコツがある。

学校では、小数どうしの割り算の問題を解く場合、こう言われるはずだ。割るほうの小数を自然数にするのに必要な数だけ、小数点を右に移す。そして割られるほうの数も、同じだけ小数点を右に移すように、と。

つまり、1.44÷1.2という割り算を前にしたときは、割るほうの数の1.2の小数点を1つ右に移して12にし、それから割られるほうの数にも同じことをして、14.4にする。これでもう小数で割るという計算に立ち向かわずにすむ。ただしまだ、自然数で割るという問題には取

り組まなければならないのだが。

　細かく見ていこう。どうすれば小数点をこんなふうに勝手に移しかえられるのか？　この割り算は、分数で表すことができる（あまりすっきりした形ではないが）。

$$\frac{1.44}{1.2}$$

　まずこの分数に別の分数を掛けて、その答えの分母が自然数になるように、だが全体の値は変わらないようにしたい。そのためには、1に等しい分数を掛けなければならない。1を掛けても、掛けられた数の大きさは変わらないからだ。分子が分母と同じである分数はすべて1に等しい。2/2でも、55/55でも、10/10でも、0.3/0.3でも、11.4/11.4でも、すべてまごうかたなき1である。

　この問題の場合、分母の小数点を右に1つ動かすためには、分母に10を掛けなければならない。だから、10/10という分数を掛ける。こんなぐあいだ。

$$\frac{1.44}{1.2} \times \frac{10}{10} = \frac{14.4}{12}$$

　こうすると、10/10は1と同じなので、1.44/1.2の大きさ自体は変わらないが、割るほうの数、つまり分母が整数であるような分数に変わっている。小数で割る割り算なら、かならずこれと同じ操作を行うことができる。その割り算を分数として見たうえで、その上と下に10の累乗の数を必要に応じて掛けるのだ。これには割る

と割られる数の両方の小数点を、ある数だけ右に動かすという働きがある。

それでもまだ、小数を自然数で割るという問題が残っている。この例では、操作を行ったあとに、こんな割り算が残る。

```
    _____
12 ) 14.4
```

うれしいことに、こういった割り算でも、先ほどの3.0000割る8の割り算のときと同じやりかたで解くことができる。長除法の手順が、まったく同じように機能するのだ。

```
       1.2
    _____
12 ) 14.4
     12
     ___
      2 4
      2 4
      ___
      0 0
```

「1.44割る1.2」は「14.4割る12」と同じであることがわかる。答えは1.2だ。

パズル 42 あなたはあいかわらずスープを売る旅回りのセールスマンの身の上ですが、まもなく昇進の知らせがあるといううわさを耳にしました。しばらく奥さんに花を買っていなかったので、どんな売り物があるだろうかと花屋に足を踏み入れます。するとバラの花がまとめ売りされていました。12本で7.68

ポンド、もしくは5本で3.45ポンドの値がついています。1本あたりの値段で見ると、どちらのほうがお得でしょうか？

12 パーセントを扱うときのルール

　百分率は、わたしたちがものを測るのに使う尺度としては、少し毛色がちがっている。分数では1枚のピザを「ピザの1分の1」と呼ぶところを、百分率では「ピザの100％」と呼ぶのだ。よけい話がややこしくなるじゃないかと思われるかもしれないが、実際にピザを切り分けようとしてみると、たしかに利点はある。その切った断片を自然数で言い表せるからだ。ピザの2分の1はピザの50％、4分の1は25％、5分の1は20％、というように。

　さまざまなものの量を量るのに使われる尺度である以上、百分率をふくむ問題は、比例の考えかたを使って解くことができる。たとえば、消費税抜きで1.20ポンド〔＝120ペンス。1ポンドは100ペンス〕のプレーン・ビスケットを1箱買うとき、レジに並ぶ前に必要なお金の額を正確に知りたいとしよう。あなたはそこにかかるイギリスの消費税の額、つまり17.5％〔悲しいかな、今は20％になってしまっている〕を計算したいわけだ。百分率を使えば、「全体」は100％ということになる。つまりこのビスケットを1箱買う場合、100％は120ペンス

に等しい。この関係に気づけば、比例の考えかたのテクニックを使うことができる。

百分率	価格(ペンス)
100%	120
1%	1.20
17.5%	17.5×1.20=21ペンス

　まず最初にやるべきなのは、もとの総数の1%を求めることだ。そうすれば、1%に特定の数を掛けることで、どんな百分率でも算出できる。この問題の場合、17.5%を求めたいのだから、17.5を掛けたのだが、かりに46%を求めたければ、1.20に46を掛ければいい。

　ビスケット1箱の実際の価格は、120ペンスに消費税の21ペンスを加えたものだ。合計すると、141ペンス払うことになる。

　こうしたテクニックに代わるものとして、100%が120ペンスに相当することを確かめたあとで、消費税の17.5%をすばやく計算できる方法がある。表に示すとつぎのとおりだ。

百分率	価格(ペンス)
100%	120
10%	12
5%	6
2.5%	3
17.5%	21

　ある量の10%を求めるのは、総じてごくかんたんな計算ですむ。その答えから5%と2.5%を求めるには、それぞれの答えを半分にすればいい。そして10%、5%、

2.5%の答えをすべて足せば、全体の17.5%が求められる。

パズル 43 ある部屋にいる人たちの70%が義足で、75%が肩にオウムをのせています。義足もつけていなければオウムももっていない、という人はひとりもいません。義足で、さらにオウムももっている人は、全体の何%でしょうか？

もちろん、数学の先生にかかれば、話はよけいに難しくなる。なにせ黒板にこんな問題を書いたりするのだから。「安売りのジーンズ1本が20%引きで17.50ポンド（1750ペンス）で売られているとしたら、もとの値段はいくらか？」ジーンズのもとの値段なんて興味ありません、と答えられなくもないが、あなたが先生の土俵の上にいるのであれば、もう少しうまく立ち回る必要があるだろう。

こうした問題で難しいのは、「全体」、つまりこの場合はジーンズの元値が知らされていないことだ。わかっているのは、20%引いたあとで、値段が17.50ポンドになるということだけ。この情報を利用して、元値の100%がいくらであるかを求めなければならない（元値の100%とは、元値そのものだからだ）。そしてそのためには、さっきの問題のときと同じ方法を使えばいい。まず1%を計算し、そこから100%を求めるのだ。

百分率	価格(ペンス)
80	1750
1	1750÷80＝21.875
100	21.875×100＝2187

いま紹介した手順のどれにも、答えに到達するために従うべき「ルール」が存在する。あるものの数 A の x% を求めるには、A に x を掛けて 100 で割る。あるものの数 D に対するあるものの数 C の百分率を求めるには、C を D で割って 100 を掛ける。ある商品のもとの値段を求めるには、元値から y% 増えた（あるいは減った——この場合の減った分は負の数で表される）あとの値段を E として、その E を（$100+y$）で割って 100 を掛ける。だがこれらのルールの背後には、例外なくひとつの事実が隠れている。こうした問題は、単純な比例の考えかたによって解けるということ、つまりどれにも同じテクニックを適用できるということだ。

パズル 44 あなたは何年も待たされたあとで、ようやく女性禁制の会員制ゴルフクラブへの入会を認められました。ところが今年から女性の待遇にかんする規約が変わり、更衣室を建て増しする必要が生じたため、年会費が 20% 上がって 1450 ポンドになりました。昨年の年会費はいくらだったでしょう？

13 百分率の使い方 利息計算

数学とお金は、密接につながり合っている。何千年も前の昔から、人間はずっと商売をしてきた。商売あるところ、数はついてまわる。そんななかで百分率が特によく出てくるのは、口座やローンの利率を伝えるときでは

ないだろうか。貯蓄やローンといったものの場合、複利の扱いかたが重要になってくる。複利とは、ある期間にわたって、ある一定の利率がお金の合計額にたえず適用されることだ。

> **パズル 45** あなたは自分のおかれた立場の不公平さに我慢がなりません。ゴルフのクラブハウスに女性用更衣室を建てる費用を、なぜ男である自分が負担しなければならないのか？ この問題に対する男性会員たちの見解はどうなのかと思い、あなたは調査を行おうと決めました。その結果、420人の男性会員のうち305人が、女性会員はみんな13番グリーンの奥にある悪名高いバンカーの後ろの離れ家に追放すべし、という意見に賛成だとわかりました。この年の始めに120人の女性メンバーが入会したとすると、この意見に賛成の会員は、クラブの全会員の何％でしょうか？

利息はおそらく、あなたの家計の重要な部分を占めることになるだろう。だから、とりあえず見ておいても損はない。あなたが200ドルのお金を借りるとしよう。利率は1年あたり8％。この場合、借りた元金が「全体」、つまり100％だ。1年後には、最初に借りた額（100％）に1年あたりの利息（8％）を加えたものが、全体の額となる。言いかえれば、200ドルの108％がいくらになるかを計算しなければならないということだ。前の章の方法を使えば、

百分率	金(ドル)
100	200
1	200÷100=2
108	108×2=216

つまり、返済をまったくしなければ、1年後の負債額は合計で216ドルになる。

2年後の借金の額を計算するには、今年の借金の額全体に利息がかかってくることを考慮しなければならない。言いかえれば、今度は216ドルが「全体」、つまり100％となり、そのうちの8％が利息になるということだ。そこで216ドルの108％を計算しよう。

百分率	金(ドル)
100	216
1	216÷100=2.16
108	108×2.16=233.28

早く返済しろという金融会社の督促状を無視しつづければ、2年後に借りている額は、233.28ドルになる。

それから、底のない負債のスパイラルに落ちこむのをいとわずにいれば、3年後には金融会社がゴロツキを送りこみ、251.94ドル（もしくはその額に相当する品物）を要求してくるだろう。233.28ドルの108％がこの額になるからだ。借りてから1年たつごとに、8％の利息のかかる「100％」が、前年からの借金の総額に変わっていく。

1年ごとの借金の額を求めるために行う計算を、短くまとめることは可能だ。どの場合でも、前年の借金の額

を100で割り、それに108を掛けている。これは単純に、1.08（つまり108÷100）を掛けるのに等しい。

時間(年)	負債額(ドル)
0	200
1	1.08×200＝216
2	1.08×(1.08×200)＝1.08×216＝233.28
3	1.08×[1.08×(1.08×200)]＝1.08×233.28＝251.94

この表から、x 年後の負債額が求められるようにすることができる。最初に借りた額に 1.08^x を掛ければいい。今回の例では、200に1.08を2回掛ける（つまり 1.08^2）。3年後には、200に1.08を3回掛ける（つまり 1.08^3）。

10年間、1ドルも返済をせずにいたときの負債額を求めるには、200に1.08を10回掛ければいい（つまり 1.08^{10}）。その計算は 200×1.08^{10} で、負債総額はおよそ430ドルになる。

この方法は、お金をいくら、どれだけの利率で、何年借りたとしても、同じように広く使うことができる。借りた（あるいは投資した）お金の額を S、利率（百分率で表される）を x、融資を受ける（あるいは自分のお金を投資する）年数を n とすれば、借金の額はつぎの複利の公式を使って求められる——$S(1+x/100)^n$。［$(1+x/100)$ となるのは、最初に借りた額にかかる利息分を加えているためだ。さっきの問題では、あなたは毎年100％＋8％を借りていることがわかった。一般化していえば、あなたが借りているのは100％＋x％、つまり $(100+x)$％である。あなたの負債額を計算するという

ときには、これは $(1+x/100)$ を掛けるのに等しい]

そこで、500 ポンドのお金を、年あたり 12% の利率で、4 年の期間にわたって借りると考えてみよう。その期間が過ぎたときの負債額は、$500 \times (1+0.12)^4 = 500 \times 1.12^4 = 786.76$ ポンドとなる。

> **パズル 46** 縦の長さが 10 cm、横の長さが 4 cm の長方形があります。その面積を変えずに、縦の長さを 20% 増やすとしたら、横の長さを何%減らせばいいでしょうか?

14 早くお金持ちになる方法
複利計算

よく銀行から送られてくる、すばらしく魅力的で聡明そうな女性の写真を表紙にあしらったパンフレットには、上手な資産管理のアドバイスが詰まっている。わたしもふだんはさっさと捨ててしまうのだが、それでもこうした冊子は、ただ銀行の業務を宣伝するだけのものではない。そのアドバイスの一部には、たしかにあなたが取り入れるだけの根拠があるのだ。

「将来のための計画は重要です——早めに貯蓄を始めましょう」

このアドバイスの重要性は、複利の仕組みを見れば裏

づけられる。ある経験則を紹介しよう。あなたがお金を一定の利率で投資する場合、どのくらいの期間でその額が2倍になるかを計算するのに役立つものだ。その規則によると、利率がx%であれば、お金が2倍になるには$70/x$年かかる。つまり利率が7%の場合、お金が2倍になるには10年かかり、利率が2%なら、お金が倍になるには35年かかるというわけだ。

このことから、長くお金を貯蓄口座に入れておくほど、その額が増えるペースは速くなることがわかるだろう。利率7%で100ドル投資すれば、10年後には倍の200ドルになり、100ドルの利益が出る。しかしつぎの10年間では、200ドルは2倍の400ドルになる（200ドル分の利益）。さらに10年たてば、400ドルが2倍の800ドルになる（400ドル分の利益）。10年後には、最初の投資額が2倍になり、20年後には4倍になり、30年後には8倍になるのだ。長い目で見たときに、より大きな利益を得るには、なるべく早いうちに利率の高い貯蓄口座にお金を預ける必要がある。

パズル 47　あなたは地元の店で、花柄のドレスをつかんでレジに行きましたが、いろいろな割引サービスが利用できると言われ、頭が混乱してしまっています。店員が言うには、現金で買えば10%の割引、あなたは長年のお得意様なので15%の割引、さらにいまセールなので20%の割引になるとのことです。どういった順番でこの割引サービスを使えば、最も安い値段で買えるでしょう？

「定期の積立がおすすめです——たまに大きな額を預けるよりも、小額ずつ定期的に蓄えるようにしましょう」

これと似たようなアドバイスは、人生のいろいろな局面にも当てはまる。特に食事などでは、一度のばか食いより定期的に少量ずつ、というのが大切だが、ここでは貯蓄にどんな影響があるかに話をしぼろう。毎年 1000 ポンドを利率 5% の口座に 10 年間にわたって預けつづければ、10 年後には 13207 ポンド（端数ははぶく）になる。この数字が出るまでの計算は長く難しいものだが、実は少し前に扱った複利の問題を複雑にしただけのことだ。

こう考えれば、理解しやすいかもしれない。毎年新しい貯蓄口座を開き、そこに 1000 ポンド預けるとしよう。すると、最初の年の初めに投資した 1000 ポンドは、そのまま 10 年のあいだひとつの口座で利息を稼ぎつづける。そのいっぽうで、2 年目の初めに投資した 1000 ポンドは 9 年間利息を稼ぎ、3 年目の初めに投資した 1000 ポンドは 8 年間利息を稼ぐ、というぐあいに続いていき、10 年目の初めに投資した 1000 ポンドは 1 年分だけ利息を稼ぐ、というわけだ。

そのあとの問題は、ちょうど 10 年たったとき、これら個々の口座 10 個に全部でいくら残っているかを計算することだ。以前あきらかにした複利の公式を使うこと

で、その計算をスピードアップできる。

最初の投資額	投資する年数	最終的な投資額
1000ポンド	10	$1000 \times 1.05^{10} = 1628.89$
1000ポンド	9	$1000 \times 1.05^9 = 1551.33$
1000ポンド	8	$1000 \times 1.05^8 = 1477.46$
1000ポンド	7	$1000 \times 1.05^7 = 1407.10$

10年たった時点で、最初の年の初めに開いた口座の額は1628.89ポンドになる。2年目の初めに開いた口座には1551.33ポンド、3年目の初めに開いた口座には1477.46ポンド……というぐあいだ。その後の年に開いた口座にも、同じ計算が成り立つ。すべて計算したあと、その結果を足せば、すべての口座にあるお金の合計額がわかる。答えは13207ポンドになるだろう。

このテクニックは、同じような方式の投資なら、あらゆるものに適用できる。こういった方式の投資をどれだけの期間続けると総額いくらになる、という一般的な公式を導き出すことも可能だ（公式の証明は複雑になるけれど）。1年ごとの投資額をS、小数で表した利率をx、投資を続ける期間の年数をnとすれば、n年後にもらえるお金の額はつぎのようになる。

$$\frac{S(1+x)\left[(1+x)^{n-1}\right]}{x}$$

この公式を使って、さっきの結果が正しいかどうかを確かめることもできる。定期的な投資が得策であることを示すために、さっきの方式と、大きな額を1回だけ預けたときの結果をくらべてみるといいだろう。例の方式

では、あなたが投資する額は最大で 10000 ポンドになり、実際にこの額が投資されるのは 1 年間（10 年目）だけだ。そして投資が終わったとき、あなたのお金の総額は 13207 ポンドになる。だが、いくつかの段階に分けるのでなく、一度にぽんと 10000 ポンド投資しようと決めた場合に、同じだけ利益をあげるのにどれほど長い期間がかかるか、知ればきっと驚くだろう。一度に投資した 10000 ポンドが同じ額の利息を生み出すには、実は 6 年もかかるのだ。このことは、かんたんな複利の公式を使って確かめられる。$10000 \times 1.05^6 = 13401$ ポンドだ。

パズル 48 新聞の記事によると、鮫の襲撃に遭った男性が、片脚の 15% を失いました。その脚はいま、70 cm だけ残っているそうです。もとの脚の長さはどれだけだったでしょう？

したがって、定期的な、将来を見すえた計画を立てることは、健全な財政状態につながる。この 2 つがそろっていれば、銀行に行くときも笑いが止まらないだろう。そのことを説明するために、あなたが 10 年間にわたって毎年 1000 ポンドを貯蓄口座に預けるという方式を守りつづけたとしよう。その期間が過ぎたとき、あなたは銀行の明細書のいちばん下の欄にある心強い数字に満足して、毎年の預け入れをやめられる。これまで苦労して貯めてきた額の利息を受け取るだけで、大満足だろう。言いかえれば、今後あなたは、最初の投資額 13207 ポン

ド（定期的に 1000 ポンドの預け入れを 10 年間続けて貯めた合計額）の 5% の複利をずっと受け取れるのだ。

かりにあなたにルームメイトがいて、あなたに来た郵便物を盗み見する習慣があったとしよう。夜中にあなたの寝室に忍びこみ、あなたの寝顔を見ながら、彼女はあなたがひと財産築こうとしていることを知る。そこで自分もまねをして、毎年 1000 ポンドを同じような口座に預けようと決める。これまでふいにしてきた 10 年間の投資のチャンスを埋め合わせようと、あなたと同じ額を貯めるまで、ずっと休まずに 1000 ポンドずつの投資を続けるのだ。

つぎの表は、さまざまな期間のあとで、あなたとあなたのルームメイトの銀行口座にある額がいくらになるか（ポンド）を示すものだ。

時間(年)	あなたの投資額(端数ははぶく)	ルームメイトの投資額(端数ははぶく)
0	13207	1000
10	21512	13207
20	35042	34719
21	36794	37505

あなたの口座にあるお金の額は、単純な複利の公式を使うことで計算できる。この期間のあなたの最初の投資額は 13207 ポンドなので、20 年後の額は 13207×1.05^{20} で求められ、結果は 35042 ポンドになる。あなたのルームメイトの口座にあるお金の額は、1 年ごとにお金を口座に預けるという方式のための複雑な公式を使って計算できる。すると 20 年後には、投資額はこうなる。

$$\frac{1000 \times 1.05 \times (1.05^{20}-1)}{0.05} = 34719 \text{ ポンド}$$

　要するに、あなたが10000ポンド投資するだけですむところを、ルームメイトのほうは21000ポンド投資しなければならない。つまり、あなたの資産に追いつくために、21年間もしゃかりきにお金を貯める必要があるのだ。しかもそのあいだ、彼女は毎日のように、不安と興奮の入り混じった気持ちで銀行の明細書を待ちつつ、あなたの領収書を探してゴミ箱をあさるという屈辱的なまねを続けなければならない。言いかえるなら、その21年間、彼女の人生はむだに費やされることになる。あなたのように堅実でもなければ、将来への展望ももちあわせていなかったために。さあ、さっそく銀行に電話をかけ、あのパンフレットの表紙の魅力的で聡明な女性の電話番号を聞き出そうではないか。きっとあなたたちは、お似合いのカップルになるはずだ。

> **パズル 49**　ある数学の試験で、2つの問題が出題されました。第1問を解いたのは全生徒の70%、第2問を解いたのは全生徒の60%でした。どの生徒も少なくとも一問は解けていて、二問とも解けた生徒は9人いました。この試験を受けた生徒は全部で何人でしょう？

10%増の10%減はもとと同じじゃない？

　分数の使用を避ける方法を考え出すというのは、なかなか悪くないアイデアだと思えるが、そこからはいささかおかしな結果も生じてくる。パーセントが100を超える数になったとしても、べつに問題なさそうなのだ。たとえば、あるサッカー選手が1試合中に消費するエネルギーがチョコレートバー32本分に等しいとすれば、150%のエネルギーはチョコレートバー48本に相当し、200%のエネルギーはチョコレートバー64本分、325%のエネルギーはチョコレートバー104本分に相当する、ということになる。こうした百分率の尺度は、ビール32パイントのエネルギーが100%に当たるというように用いられるなら、いくらでも好きなように拡張することができる。

　しかし、何かの値段を「200%値上げする」場合、結果として値段は3倍になると聞かされると、どうしても少し意外な感じに襲われてしまう。ほんとうに2倍ではないのだろうか？

パズル50　あなたの扇動的な調査が引き金となって、女性ゴルファーたちのグループが正義をとりもどすべく、男性ゴルファーたちをパターとサンドウェッジで襲おうという計画を立てました。クラブの委員会はこの新たな脅威に対処しようと、装甲ゴルフカートの導入を決めますが、その出費をまかなうために、翌

> 年の会費は（1450ポンドから）5% 引き上げられることになりました。ところが女性の反乱者たちが逮捕され、委員会はもはや会費を引き上げる必要はなくなったと判断し、予定されていた会費を5% 引き下げた額を来年の実際の会費にすると発表しました。来年の会員はいくら払うことになるでしょうか？

1本17.50ポンド（1750ペンス）のジーンズを、もとの値段から200% 値上げすることに決めたとしよう。値上げ後の値段はいくらになるか？ まず最初にやるべきなのは、例の方法を使って、元値の200% がいくらになるかを計算することだ。

百分率	価格(ペンス)
100%	1750
200%	2×1750=3500

だが、これは元値から値上げをした分の額だけだ。新しい値段を出すには、古い値段にこの値上げ分を加えなければならない。するといまのジーンズの値段は、1750＋3500＝5250 ペンスとなる。もとの値段に 200% を加えるのは、その2倍分の額を加えることに等しい。つまり新しい値段は、もとの値段の3倍ということだ。

不思議な話はまだ出てくる。もしこれと同じ値段のジーンズを10% 値上げし、それからまた10% 値下げしたとすれば、ジーンズの値段はもとの 17.50 ポンドにもどると思われるのではないだろうか。ところが不思議なことに、そうはならないのだ。

この奇妙な結果が起こる理由は、この問題には2つの段階がからんでいるということ、「全体」（つまり100%）がどちらの段階でも等しいわけではないということにある。まず最初の段階では、ジーンズの値段を10%値上げする。つまり、

百分率	価格(ペンス)
100%	1750
1%	1750÷100=17.50
10%	10×17.50=175

元値の10%は175ペンスなので、10%の値上げとは、ジーンズが1750+175ペンス、つまり1925ペンスになるということだ。

この問題の第2段階では、新しい値段を10%値下げすることになる。だがこのときには、あなたが100%として扱っているのは、元値の1750ペンスではなく新しい値段の1925ペンスなので、新しい値段の10%は、古い値段の10%とはちがってくる。したがって、10%値下げしたあとのジーンズの値段がもとの値段とちがっていても驚くには当たらないのだ。

百分率	価格(ペンス)
100%	1925
1%	1925÷100=19.25
10%	10×19.25=192.5

つまり10%の値下げとは、ジーンズの最終的な値段が1925-192.5=1732.5ペンスとなることを意味する。これは元値よりも少し安い値段だ。

パズル 51

ルワンダの首都キガリのクリスマス見本市で、わたしはフライドグリーンバナナを4皿食べ、5kgのドライドビーンズを買いました。荷物を持ったまま体重を量ってみると、もとの体重から10%増えていました。わたしはあわててダイエットに励み、もとのスマートな体形にもどりましたが、また見本市に出かけていったとき、前回の2倍のバナナを食べ、5kgのとうもろこし粉を買いました。そしてふたたび荷物を持ったまま体重計に載ると、もとの体重から11%増えていました。わたしのもとの体重は何kgだったでしょう？

第3部

xの使い方から

二次方程式まで

1 存在しうるすべての数を表す x の使い方

　学校レベルでいえば、代数学とは一般化された数の勉強である。信じられないほど抽象的なものから、ほどほどに具体的なものまで、その幅はじつに広い。x という記号を書いて、ほかに何のことわりもなければ、この記号は「存在しうるすべての数」を表す。そこに何があるかとのぞきこむと、存在する数が無限に入った箱が見つかるようなものだ。それより少しだけ抽象的ではなくなるけれど、決して具体的とはいえないのが、$2x$ のような式である。この場合の $2x$ とは「存在しうるすべての数を2倍したもの」という意味になるが、これは実のところ、やはり存在しうるすべての数を表す。すべての数は別の何かの数を2倍したものであるからだ。さてさて……

　こうした式を特定の状況に当てはめはじめると、話が少しずつはっきりしてくる。ある中年の女性が自分の年齢を言おうとしないので、あなたはその年齢を x とする（だがこの場合、状況によって x の可能性はしぼられてくる——年齢が負の数ということはありえないし、150より上ということもありえないだろう）。彼女はまた、わたしの息子はわたしより30歳若い、とも言っている。この情報は、彼女の息子の実年齢を求める役には立たないが、その年齢が $(x-30)$ で表せるということは意味している。さらに彼女は、ちょうど通り過ぎたバスのナ

ンバープレートを見て、あれは5年後のわたしの年齢を3倍した数よと口をすべらせる。この情報もやはり、バスのナンバーそのものを知る役には立たないが、xを使ってその数を表すことはできる。5年後に、この女性は$(x+5)$歳になる。バスのナンバーはその3倍なので、$[3×(x+5)]$という式で表せるわけだ。

これらはすべて代数式の例である。どの場合でも、未知数（もしくは変数）は存在しうるすべての数を表している。さらに特定したいのなら、さらに情報が必要だ。追加の情報があれば、方程式をつくれるかもしれない。方程式をつくるには、別々の2つのものが同じ値をもっていることが必要になる。たとえば、さっきの女性が、わたしの息子は20歳よと告白したとすると、$(x-30)$が20と同じであることがわかり、$x-30=20$という方程式を書くことができる。この方程式の解はただひとつ、50だ。

あらゆる方程式が解を1つしかもたないわけではない。あなたの好きな数だけ解をもつような等式をつくりだすことも可能だ。たとえば、$x^2=16$には2つの解（4と-4）があるし、$(x-1)(x-2)(x-3)=0$には3つの解（1、2、3）がある。$x=x$の解は無限に存在する。

パズル 52 ルワンダのアカゲラ国立公園にあるホテルで、プールに水を注ぎ足さなければなりません。なのに水道がまた、いたずらもののゾウに壊されてしまいました。スタッフが協力して働くと、1分あたり20リットルのペースで水を注ぐことができます。注ぎ

足す前のプールに 2000 リットルの水があったとして、m 分後の水の量を表す式を書きなさい。

　これまで話してきたのは、未知数が 1 つだけの式や方程式だった。だが、未知数が 2 つか 3 つふくまれる式や方程式も、いくらでも考え出せる。たとえばさっきの中年女性が、「わたしが生まれてから食べてきたアイスクリームの数は、わたしの年齢と夫の年齢を足した数に等しい」と言ったとしよう。ここで彼女の年齢を x、夫の年齢を y と表せば、彼女が食べてきたアイスクリームの数は $x+y$ という式で表せる。さらに彼女が、わたしが食べてきたアイスクリームの数は 80 個だと言い足したとすれば、$x+y=80$ という等式を書くことができる。この等式は不定方程式と呼ばれる。x と y に当てはまる数には無限の可能性があるからだ。夫人が 40 歳で夫が 40 歳という場合もありうるし、41 歳と 39 歳、あるいは 100 歳と -20 歳、あるいは 79.5 歳と 0.5 歳と考えてもいいが、なかには物理的に不可能な組み合わせや、違法な組み合わせも出てくる。

　x と y の値を決めるには、ほかにも情報が必要だ。たとえば、もし夫人が、わたしは夫より年上で、年の差は 20 なの、と言ったとすれば、$x-y=20$ という等式が得られる。これで同時に成り立つはずの 2 つの等式ができた。これらの等式は連立方程式と呼ばれる。この場合はすでに、x と y の値を求められるだけの情報がある。ただし連立方程式ならかならずそうなる、というわけでも

ない。まだ値が決まらない場合もあるのだ。大ざっぱにいって、変数が2つあれば、その変数を結びつける等式が最低2つ必要になる。もし変数が3つなら、それらを結びつける等式が最低3つは必要で、変数が4つなら等式は4つだ。

未知の数を記号で表すというアイデアを思いついたら、つぎに直面する問題は、それをどう解くかだ。初歩の代数学の歴史は、さまざまな文化が代数式や代数方程式を解くために編み出してきた数々の発明や改良からなっている。

そうしたテクニックのいくつかは、よりよいものが見つかるたびに捨てられていったが、この先の章にはそんな例がいくつか登場する。そうして生き残ったテクニックが、あなたが学校で教わった事柄の基礎をなしている。「両辺に同じことをする」、「たすき掛け」、「括弧をはずすときはすべての数に掛ける」といった指示が、きっとあなたの記憶にも残っているだろう。こうした代数学の「法則」が問題になってくるのだ。これらは方程式の解や式の単純化に近づくための一連の論理的なステップである。とはいえ、どこが論理的なのかさっぱりわからないようなものも多い。そのせいで、まるで無慈悲な暴君から押しつけられた命令のように思えてしまう——でたらめな規則に従って、わけのわからない記号で何ページも紙を埋めることだけが目的であるように。しかしこの先の章を読めば、代数学のあらゆる法則が、もはや使われなくなったものでも学校の先生が生徒たちにたたきこ

もうとしつづけているものでも、総じて数の働きかたの理解に根ざしていることがよくわかるだろう。

実は「代数学」の言葉そのもののなかには、痛みという概念が埋めこまれている。「アルジェブラ」とは、アラブの言葉「アル - ジャブル」が英語化されたものだ。もともとはアル - フワーリズミーが、方程式を解くことに関連する専門用語として用いていた。この言葉は、等式の一方の辺からある項をとってもう一方の辺に移すという手順を示している。たとえば、$4x = 2 - 2x$ という方程式があるとしたら、「$2x$ をとってもう一方の辺に移し」、$4x + 2x = 2$ と書くことができる。しかしアル - ジャブルという言葉には、折れた骨を接ぐという意味もあった。この両者の手順が同じくらいぞっとするものだと感じる人たちが、おそらく世界に大勢いたのだろう。

> **パズル 53** ある数を思い浮かべてください。その数に 4 を足して、その答えを 2 倍します。それから 8 を引いて、また 2 で割ります。その答えはかならず、最初の数と同じになります。なぜこんなことが起こるのでしょう？

2 方程式の左右両辺に同じことをする

方程式を解くという仕事に取り組もうとした人たちは昔からいるが、知られるかぎり最も古い証拠が残っているのは、古代エジプト文明だ。エジプト人にとっての方

程式は、未知の数を求めるのが目的とはいえ、実のところ言葉の問題だった。これは彼らが x や y といった記号を使おうとしなかったためだが、彼らが特定の方法を用いる必要性を感じず、なんでもそのときどきで役に立つと思えるやりかたを採用してきたからでもあった。

エジプト人の好む方法は、すがすがしいほど行き当たりばったりだ。「誤った前提の方式」と呼ばれ、彼らが取り入れて以来、ごく一般的なものになった。実のところヨーロッパでは、100年前までふつうに使われていたし、学校の先生に頼らずに問題を解こうとする子どもの頭のなかでは、今もりっぱに息づいているにちがいない。

『リンド数学パピルス』(例のリンド氏がエジプトの古物屋で偶然見つけたもの)から、問題26を紹介しよう。この文書を記した書記には、あるウサギの体長を求めるとか、何かしらユーモアをつけくわえて話をおもしろくしようとする姿勢は欠けていたようだ――ウサギを出せば問題がかんたんになるというわけでもないが。「ある数に、その数自身の4分の1を足せば、15になる。その数とは何か?」

「誤った前提の方式」とは、いうまでもないが、誤った前提を立てることに頼っている。この問題では、書記はその数が4ではないかと考えてみる。4と、4の4分の1を足せば何になるか、という計算はかんたんに解けるからだ。結果は5となる。

それから書記はこう指摘する。この問題では、足した数が15にならなければならない。5を3倍すると15に

なる。

したがって、誤った前提を係数3で調整し、問題の数が12だという正しい結論に達するのだ。

昔の人たちが方程式をここまで適当に扱っていたと考えるとうれしくなるが、このやりかたがうまくいくのは、変数が1つの線形方程式（未知数を1つしかふくまず、またその未知数が2乗されたり3乗されたりしていない方程式のこと。たとえば、$3x+4=2$ や $2x-1=x+4$）だけである。変数の累乗（たとえば x^2）や2つ以上の変数（たとえば x と y）をふくむ式を扱いはじめたとたんに、別のやりかたを考えなくてはならなくなる。誤った前提は、諸刃の剣なのだ。

パズル 54 ある魚の全長は、その頭部の長さの2倍より10cm長くなっています。魚の全長が22cmだとしたら、頭部の長さはいくつでしょう？

古代エジプト人のころから、時代は変わった。トライアル・アンド・エラー方式を避けるために、さまざまな新しい解法やテクニックが生み出されてきた。今の線形方程式を解く手順は、厳密なルールや決まりごとに支配されている。それはすべて数の論理に根ざしたものなのだが、教室から窓の外のグラウンドを眺めていると、休み時間に始まるクリケットのゲームのルールほどにも気まぐれなもののように感じてしまう。

なぜ両辺に同じことをしなければならないのか？　な

ぜ括弧のなかの両方の数に掛けなければならないのか？ なぜたすき掛けをするのか？ その質問はあまり好ましくないらしく、先生はこうつぶやく。「そうすることになってるんだから、そうすればいいんだ」。そして足早に歩き去っていくが、そのあいだ彼のストレスは危険なレベルにまで上昇している。

方程式を解くのは、数についての暗黙のルールをひとつも破らずに、一方の辺にある未知数をつきとめようとするパズルに似ている。さっきの段落に出てきた指示のすべてが、このやっかいなゲームで許される操作の例だということだ。

つぎの複雑な線形方程式を見てほしい。

$$\frac{2(x+3)}{x} = \frac{3}{4}$$

人は長い年月をかけて、こういった方程式のどこから手をつけるのがベストであるかを解き明かしてきた。まず、分数を消すために、「たすき掛け」をする。「たすき掛け」とは、「両辺に同じことをする」のよくある1つのタイプに特別につけられた名前にすぎない。

「両辺に同じことをする」は、今の教室で教えられている最も一般的なテクニックだ。これは方程式の左右の辺が等しいことに依拠している。つまり、たとえ両辺に同じものを足しても、両辺から同じものを引いても、両辺に同じものを掛けても、両辺を同じもので割っても、その結果できた等式はかならず両辺がまったく等しい。

さっきの例のように複雑な方程式の困った点は、どちらの辺もそれぞれに複雑だということだ。だから正しい一連の操作を行わなければならない。でないとどんどん深みにはまりこんでしまう。

この場合、最初の正しい操作は、たすき掛けだとわかる。これには実際のところ、2つの段階がふくまれる。1つめは、「両辺に同じことをする」、つまり等式の両辺に4を掛ける。この操作で、分母が4であるほうの分数を消すことができる。

$$4 \times \frac{2(x+3)}{x} = \frac{3}{4} \times 4$$

ここで心にとめておいてほしいのは、両辺に4を掛けるとき、どちらの辺も1つのまとまりとして扱うということだ。$2(x+3)/x$ 全体に4を掛け、3/4全体に4を掛けなければならない。一方の辺の特定の一部に4を掛けることは、それが有効な操作であると証明できるのでないかぎり、やってはいけない。たとえば、左辺に4を掛けるとき、ただ自分がらくをするために、掛ける相手を括弧のなかの3だけに限って、$2[x+(4\times3)]/x$ などと書くわけにはいかない。それでは左辺の全体に4を掛け、等式の平衡を保つことにならないからだ。3/4×4=3/4×4/1=12/4=3だから、この方程式はこうなる。

$$4 \times \frac{2(x+3)}{x} = 3$$

つぎの「両辺に同じことをする」は、等式の両辺に x を掛けることだ。こういった操作は、x がなんの数かわかっていないために、人を不安にさせる。しかし x がどんな数であろうと、等式の両辺にそれを掛けるかぎり、そうしてできる等式はやはり左辺と右辺が等しくなる。その事実は動かない。またそうすることで、分母が x である分数でも分母を消すことができる。

$$x \times 4 \times \frac{2(x+3)}{x} = 3 \times x$$

数のルールを破る操作はしないよう、つねに注意を払う必要がある。だが掛け算はどんな順番でやっても結果に変わりはない。つまり、3つの数でいえば、どの2つの数を最初に掛けると決めても、結果は同じである。たとえば $3\times(4\times5) = (3\times4)\times5 = 5\times(4\times3) = (4\times3)\times5$ となる。そこで等式の左辺はこう単純化できる。

$$x \times 4 \times \frac{2(x+3)}{x}$$
$$= 4 \times \frac{x}{1} \times \frac{2(x+3)}{x}$$
$$= 4 \times \frac{2x(x+3)}{x} = 4 \times 2(x+3)$$

ということで、式はこうなる。$4\times2(x+3) = 3\times x$。

たすき掛けは、こういったタイプの方程式のための近道となる。つまり左右どちらの辺も分数であるとき、一

度に2つの操作を実行するものなのだ。左辺の分数の分子に右辺の分数の分母を、右辺の分数の分子に左辺の分数の分母を掛ける。ふつうはこんなふうに表される。

$$\frac{2(x+3)}{x} = \frac{3}{4} \quad \rightarrow \quad 4 \times 2(x+3) = 3 \times x$$

この方程式はやはり、単純化できる。

$$4 \times 2(x+3) = 4 \times 2 \times (x+3) = 8 \times (x+3)$$
$$= 8(x+3)$$
そして、$3 \times x = 3x$
したがって、$8(x+3) = 3x$

こういった問題を扱うときの経験から、おおむねつぎにやるべきこととされているのは、「括弧をはずす」ことだ。つまりこの場合、括弧にはさまれた両方の数に、括弧の外側にある数を掛ければいい。理由はつぎのとおりだ。

$$8(x+3) = 8 \times (x+3)$$
$$= (x+3) + (x+3) + (x+3) + (x+3)$$
$$\quad + (x+3) + (x+3) + (x+3) + (x+3)$$
$$= x+x+x+x+x+x+x+x+3+3+3$$
$$\quad +3+3+3+3+3$$
$$= 8x+24$$

この論理は、掛け算と足し算にまつわる基本的な事実に依拠しているが、あなたがまちがった操作をしていないことは絶対に確認しておかなければならない。$8(x+3) = (8 \times x) + (8 \times 3) = 8x + 24$ であることが確かなので、新しい方程式はこうなる。$8x + 24 = 3x$。

ここからは、x の値を求めるために、「両辺に同じことをする」を何度か当てはめるという作業になる。まず、両辺から 24 を引く。$(8x + 24) - 24 = 3x - 24$。

しかし $(8x + 24) - 24 = 8x$（この数は「$8x$ より 24 大きな数よりも 24 小さなもの」だから）なので、$8x = 3x - 24$ となる。

つぎに両辺から $3x$ を引く。$8x - 3x = (3x - 24) - 3x$。

「$3x$ から 24 を引いたあとに $3x$ を引く」のも、「$3x$ から $3x$ を引いたあとに 24 を引く」のも、変わりはない。

$$(3x - 24) - 3x = (3x - 3x) - 24$$
$$= 0 - 24 = -24$$

また、$8x - 3x = 5x$。
したがって等式はこうなる。$5x = -24$
最後に両辺を 5 で割る。$5x/5 = -24/5$

だが、$5x$ を 5 人で分け合うとすれば、各人が x を手に入れるので、$5x/5 = x$ となる。したがって、

$$x = \frac{-24}{5}$$

これでxの値がわかり、方程式は解けたことになる。
いまの例はずいぶん細かいところまで見てきたが、ふつうこうした方程式を解くときの教科書や数学の先生の説明はここまでくわしくないし、いま述べたような内容のほとんどは当たり前のことに思われるかもしれない。それでもわたしは、それぞれの段階で、線形方程式を解くためのステップひとつひとつが数の働きかたについての事実に依拠しているところをお見せしたかったのだ。3つの数を掛ける順番はなんでもいいというのは、当たり前のことのように思えるかもしれないが、つねにそうであるとはかぎらない。たとえば、3つの数を引き算する場合、$9-(2-1)$ は $(9-2)-1$ と同じにはならないのだ（括弧の位置は、最初にどの引き算からやるかを示している）。

パズル 55 あなたは時計を見たとき、今日一日の残りの時間が、すでに過ぎた時間の2倍の長さであることに気づきました（一日の長さは24時間で、深夜0時に始まるものとします）。いまは何時でしょう？

線形方程式を解くときには、非常にミスを犯しやすい。一般化された数のルールを守るのは、決してたやすいことではないのだ。たとえば、つぎのステップは、一見まったく妥当なもののように思える。

$$\frac{2x+6}{x} = \frac{3}{4}$$

$$\frac{2x+6}{x} - 6 = \frac{3}{4} - 6 \quad （両辺から6を引く）$$

$$\frac{2x}{x} = \frac{3}{4} - 6 \quad （単純化する）$$

ところが、このまま問題を解こうとしつづけると、あらゆる不都合にぶつかってしまう。どこかでまちがいがあったにちがいない。

両辺から6を引くのはちっとも悪くないのだが、単純化の手順にひとつまちがいがある。

$$\frac{2x+6}{x} - 6$$

という式で、ただ両方から6を引き、6−6は0だというように扱っているのだ。しかしこれは妥当ではない。なぜなら、最初に出てくる6は、単独では成立していない——xで割られているからだ。この場合、あなたの考える操作は、数の原則にのっとったものだとはいえない。

パズル 56 ある漁師が商売のてこ入れをしようと、知恵をしぼってアイデアを思いつき、1人のお得意客とつぎのような特別な約束をしました。魚がとれた日には、その1匹をお得意客に3ポンドで売ることができますが、魚がとれなかった日には、わざわざ店まで来てくれたお礼に、お得意客に2ポンド払う

のです。でも悲しいことに、この漁師は腕があまりよくなく、それからの1カ月（30日間）は、1日に2匹以上の魚がとれたことはありませんでした。その月の終わり（30日間の最後の日）に、彼はそれまで受け取った額と支払った額が同じだったことに気づくと、ゴムの長靴をほうりだし、投資銀行家になる決心をしました。魚がとれた日は何日だったでしょう？

3 式のなかの「括弧をはずす」ことの意味

　数の規則には、いつも人を惑わせるものがある。たとえば、「括弧をはずす」ことだ。この手順をつかさどるルールとは、もし代数式や方程式のなかで括弧の引き算をしなければならない場合、括弧をはずしたうえで、そのなかにあるすべての符号を変える、というものである。たとえば、$a-(b+c)$ は、$a-b-c$ に等しい。$a-(b-c)$ は、$a-b+c$ に等しい。これはほんとうに、合理的、論理的な事実にもとづいたルールなのか？

　まず、個別に考えてみるのがベストだろう。$10-(2+3)$ を例にとってみよう。だが、2と3を合わせて、独立したまとまりとして扱ってはならない。言葉にすれば、この計算はこう翻訳できる。「10から、2より3だけ大きい数を引く」。これは2つの段階に分けてやればいい。まず10から2を引き、そのあとでまた10から3を引くのだ。つぎのような図を描いてもいいだろう。

第3部 xの使い方から二次方程式まで　159

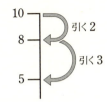

　こうして見ると、$10-(2+3)$ は $10-2-3$ に等しいようだ。先ほど述べた一般的な原則にも一致する。

　しかし、現実にある特定の数ではなく、一般的な数を表す文字があれば、この計算をまったく同じ言葉に翻訳し、まったく同じ図を描くことができるのではないか。重要なのは、どんな数が与えられたとしても、全体的な結果は同じだということだ。

　そこで、一般的な計算式 $a-(b+c)$ を例にとってみよう。この内容を言葉に翻訳すると、こうなる。「a から、b より c だけ大きい数を引く」。そしてやはり、図に描くこともできる。

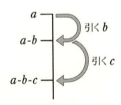

　$a-(b+c)=a-b-c$ は、まったく当然のことのように思える。それぞれの計算の背後にある手順には、何もちがいはない。実のところ、1つめの例は、2つめの例

のある特定のケースなのだ。

　つぎの式のほうが、だいぶややこしい。$a-(b-c)=a-b+c$。$10-(5-3)$ を考えてみよう。この計算を言葉で表せばこうなる。「5より3だけ少ない数を引く」。言いかえれば、先走って5を引いてしまうと、引きすぎになる。ほんとうは5より3だけ小さい数を引くのだ。ただやみくもに突っ走ったあとで、求められる場所にたどりつくには、3を足さなければならない。図にするとこうなる。

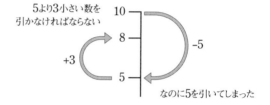

　つまり、$10-(5-3)$ は実のところ、$10-5+3$ と同じになる。そしてやはりどんな数が使われたとしても、この計算を解く方法は同じなので、数は一般化された言葉で置き換えられる。$a-(b-c)$ はこんなふうに解釈できる。「a から、b より c だけ小さい数を引く」。言いかえれば、b を引いてしまうのはやりすぎで、求められる答えを出すには c を足さなければならないということだ。

*b*より*c*だけ小さい数を
引かなければならない

a-b+c

+*c*

−*b*

a-b

なのに*b*を引いてしまった

なんだか複雑で、頭がこんがらがりそうだが、少なくとも代数学がほぼ常識に近いものにもとづいているということは確かだろう。

パズル 57 ある長方形の縦の長さは、横の長さの2倍あります。周囲の長さが36cmだとしたら、横の長さはいくつでしょう？

4 連立方程式の古代バビロニア式解法

古代バビロニア人たちは、線形方程式の解きかたを説明するなんて、自分たちのやることではないと思っていたかもしれない。だが連立方程式について語ることには、そう及び腰ではなかったようだ。彼らは連立方程式を解く独自の方法をもち、その解法はあなたが学校で習ったものとはまったくちがっている。昔のいやな記憶をほじくり返すつもりはないが、そうした標準的な方法に代わるものがあるとしたら、あなたも知りたいと思われるのではないだろうか。

古代バビロニアの問題に、こんなものがあるとしよう。「２つある畑のうちの１つめからは、１サルあたり４シラの収穫があり、２つめの畑からは、１サルあたり３シラの収穫がある［実をいうと、これは１サルからとれるシラとしては多すぎるのだが、見逃していただけるとありがたい。そのほうが話がかんたんなので］。１つめの畑の収穫は２つめの畑の収穫よりも 190 シラ多く、２つの畑を合わせた面積は 100 サルである。それぞれの畑の面積を求めよ」

　これらの情報を聞いて、方程式の形にすれば（バビロニア人もそうしただろう）、２つの方程式ができるはずだ。１つめの畑の面積を x サルとし、２つめの畑の面積を y サルとする。すると、１つめの畑からは１サルあたり４シラとれるので、全体の収穫は $4\times x$（あるいは $4x$）となる。そして２つめの畑からは１サルあたり３シラとれるので、全体の収穫は $3\times y$（あるいは $3y$）となる。問題によると、１つめの畑の収穫は２つめの畑の収穫よりも 190 シラ多い。そのことは、代数学の用語ではこう表わされる。$4x - 190 = 3y$、つまり $4x - 3y = 190$。また問題によれば、２つの畑を合わせた面積は 100 サルである。したがって、$x + y = 100$ だ。

　バビロニア人もエジプト人と同様、その解きかたに関しては行き当たりばったりだった。彼らも「誤った前提」を利用していた——わたしたちもときどきやることだ。わたしも昔、両親が眠っているという誤った前提を立てた結果、深い精神的ダメージを負うような目にあっ

たことがある。それはともかく、バビロニア人たちもたぶん、両方の畑が50サルだという誤った前提を立てただろう。これは出発点としてかんたんだし、2つめの方程式の解になるからだ。だが、1つめの方程式の解にはならない。どちらの畑の面積も50だとすれば、$4x-3y$の値は50となる［$(4\times50)-(3\times50)$］。これは求められる190という答えに140足りない。

しかしバビロニア人は、誤った前提を正すのも早かった。最初の見積もりを少しずつ調整していったのだ。彼らは2つめの方程式を満たしつづけるために、xとして見積もった数を1ずつ増やすなら、yの数は1ずつ減らさなければならないことに気づいた。たとえば、xを51にしようと決めれば、yは49にしなければならない。$51+49=100$だからだ。

このバビロニア式の調整がどんな結果を生んだか、いくつか例を紹介しよう。

x	y	$x+y$	$4x$	$3y$	$4x-3y$
50	50	100	200	150	50
51	49	100	204	147	57
52	48	100	208	144	64
53	47	100	212	141	71

どの例を見ても、xとyの合計は100になる、つまり問題に出てくる2つめの方程式はかならず満たされている。

xが1ずつ増えていくなら、yはそれに応じて1ずつ減っていかなければならない。

x が1ずつ増えていくなら、$4x$ は4ずつ増えていき、y が1ずつ減っていくなら、$3y$ は3ずつ減っていく。

$4x$ は4ずつ増えていき、$3y$ は3ずつ減っていく。そして $4x$ から $3y$ を引くのだから、$4x-3y$ は7ずつ増えていかなければならない。この表を1段ずつ下におりるにつれ、4だけ大きな数から3だけ小さな数を引いていくことになるからだ。

さて、バビロニア人の最初の見積もりでは、x と y はどちらも50だが、それだと $4x-3y$ は50となり、必要とされる190に140足りない。今の彼らは、x の値を1ずつ増やすたびに、$4x-3y$ の値が7ずつ増えていくことを知っている。すると、7を何回増やせば足りない140を補えるかという問題になる。答えは20だ。

したがって、最初に x として見積もった数から20増やし（つまり $x=70$ となる）、最初に y として見積もった数から20減らせば（つまり $y=30$）、問題は解ける。バビロニア人もまさしくそのとおりのことをした。1つめの畑の面積は70サルで、2つめの畑の面積は30サルである。

パズル 58　あるおとぎ話には、たくさんの王子とカエルが出てきます。合計すると、頭が35個、脚が94本になりました。王子は何人、カエルは何匹でしょう？

5 連立方程式を「常識」を使って解こう!

　学校で習った連立方程式の解きかたを今さら思い出させられるのは、あまり愉快な経験ではないだろう。だがこのあとの話を読めば、バビロニア人が使っていた方法と同じように、そうした解きかたが確かな常識という原則にもとづいていることははっきりわかると思う。

　現在の教科書では、畑や収穫などはあまり使われない。今の流行はコーヒーや紅茶の値段だ。ということで、あなたへの問題はこうなる。コーヒー1杯と紅茶1杯を足した代金が100ペンス、コーヒー4杯と紅茶2杯の代金が280ペンスだとしたら、コーヒー1杯の値段と紅茶1杯の値段はいくらになるか?

　コーヒー1杯の値段を x、紅茶1杯の値段を y とすれば、この2つの情報から2つの方程式が得られる。1つめの情報は、$x+y=100$ という方程式に相当し、2つめの情報は $4x+2y=280$ という方程式に相当する。

　学校で習う最も一般的な方法は、こういった2つの方程式を消去法によって解くやりかただ。この方法の第1段階は、どちらか1つの方程式を操作して、どちらかの変数に掛けられる数が同じになるようにすることである(変数に掛けられる数を係数という)。

　1つめの情報(コーヒー1杯と紅茶1杯を足した代金は100ペンス)を見れば、そこからさらにコーヒーと紅茶の値段についての情報を導き出すことができる。たと

えば、コーヒー1杯と紅茶1杯で100ペンスかかるなら、コーヒー2杯と紅茶2杯では200ペンスになる。ただ両方を2倍しただけのことだ。さらに、コーヒー3杯と紅茶3杯では300ペンス、コーヒー4杯と紅茶4杯では400ペンスになる。

こうした情報はすべて、もとの方程式のそれぞれの項に同じ数を掛けた方程式に相当する。$x+y=100$の両辺に2を掛ければ$2x+2y=200$になり、$x+y=100$の両辺に3を掛ければ$3x+3y=300$になり、$x+y=100$の両辺に4を掛ければ$4x+4y=400$になる。

こうした情報がすべておたがいに等しいとすれば、いちばん最初の情報をそのうちのどれかと置き換えることができる。その目的は、1つめの方程式を、どちらかの変数の係数が同じになるように変えることだ。2つめの方程式のxの係数は4なので、「コーヒー1杯と紅茶1杯で100ペンスかかる」を「コーヒー4杯と紅茶4杯で400ペンスかかる」に置き換えればいい。

代数学的にいえば、これは$x+y=100$という方程式を$4x+4y=400$に置き換えることに等しい。そうすると、どちらの方程式でも（$4x+4y=400$ と $4x+2y=280$）、xの係数が同じになる。ノートに書くとすれば、このステップはこんなふうに表せる。

方程式1　　　　　　　　$x+y=100$
方程式2　　　　　　　　$4x+2y=280$

4×方程式1　　　　　$4x + 4y = 400$

方程式2　　　　　　$4x + 2y = 280$

これまでのところは、ごくごく順調だ。あなたは2つの情報、つまり「コーヒー4杯と紅茶4杯では400ペンスになる」と「コーヒー4杯と紅茶2杯では280ペンスになる」を利用している。1つめの情報は、コーヒー4杯に紅茶4杯という注文にまつわるもので、2つめの情報は、コーヒー4杯に紅茶2杯だけという注文にまつわるものだ。ちがっているのは紅茶2杯分で、2つの注文の代金の差は120ペンスである。だから紅茶2杯の代金は120ペンスでなければならない。

この論理的なステップは、第1の方程式（$4x + 4y = 400$）から第2の方程式（$4x + 2y = 280$）を引いて、よりかんたんな方程式 $2y = 120$ を得るということと同じだ。

$$\begin{array}{r} 4x + 4y = 400 \\ -)\ 4x + 2y = 280 \\ \hline 2y = 120 \end{array}$$

これは、2つの情報で注文された飲み物の数のちがいを見つけ、それを値段のちがいに結びつけるということを、代数学的に表したものに等しい。コーヒーの数が同じ（つまり「x」の数が同じ）になったのだから、一方の情報は片がついた。あとに残ったのは、紅茶の値段を扱う等式だけだ。

この段階までくれば、計算はもうほぼ終わったような

ものだ。紅茶2杯の代金が120ペンスなら、紅茶1杯は60ペンスでなければならない。ここでもとの情報にもどって、コーヒー1杯の値段を出すことができる。紅茶1杯が60ペンスで、紅茶1杯とコーヒー1杯の代金が100ペンスなら、コーヒー1杯は40ペンスでなければならない。この答えが第2の情報に当てはまるかどうかも調べられる。紅茶は60ペンスで、コーヒーは40ペンスだから、コーヒー4杯と紅茶2杯で280ペンスになる。これで問題は解けたわけだ。

今度もやはり、あなたは論理だけに頼って、ちゃんと答えにたどりついた。しかし学校では、これまでの議論は代数学の形で表される。きっとこんなふうだろう。

$$2y = 120$$
$$y = 60$$

方程式1に代入する
$$x + 60 = 100$$
$$x = 40$$

方程式2で確かめる $4x + 2y = 280$
$$(4 \times 40) + (2 \times 60) = 280$$
$$280 = 280 \quad （合っていた）$$

パズル 59 あなたは学生のころ、精子銀行に精子を提供することで、収入を補っていました。40年たったいま、

> あなたには結婚してできた息子のほかに、精子を提供したもうひとりの生物学的な息子がいることがわかり、遺言を書きかえようと決心します。あなたが分け与えられる財産は 10000 ポンドありますが、あなたは正式な息子に渡る遺産の 1/5 が、ずっと知らずにいた息子の遺産の 1/4 よりも 1100 ポンド多くなるようにしたいと考えています。2 人の息子に渡る額はそれぞれいくらになるでしょう？

 とうの昔に忘れられた記憶の墓場からこんな問題を掘り起こしてしまって、たいへん申しわけない。けれども、この連立方程式の解きかたが論理的な一連のステップにもとづいていることは、おわかりいただけたと思う。どのステップも代数学の手順を反映しているのだ。こうした手順が妥当なものだと受け入れられれば、代数学を使うことで問題の解決はスピードアップできる。しかしその手順のせいで、あなたのしていることの合理的な基礎がくもらされるようなことがあってはならない。

6 男子生徒たちの小競り合い

 代数学に味を占めれば、もうそこで止まっているのは難しい。これまで見てきたように、古代エジプト人たちは、心から満足して変数 1 つの線形方程式に取り組んでいた。リンド数学パピルスには、このタイプの問題の例がたっぷり出てくる。そのほぼ同時期（紀元前 1900 –

1650)に、バビロニア人たちは「誤った前提」を利用して、変数2つをふくむ2つの方程式系、つまり連立線形方程式に取り組んでいた。

だが、バビロニア人はそこでは立ちどまらず、変数1つの二次方程式のいくつかのタイプを解こうとした。こうした方程式には未知数が1つしかなく、その未知数の指数は2より大きくはない——つまり、x^2をふくむ項はあっても、x^3やそれ以上のxの累乗をふくむ項はないということだ(たとえば$2x^2+3x-4=0$)。だが、xの大きな累乗をふくむ方程式を解こうとする試みもいくつか見られることから、バビロニア人の底なしの熱中ぶりがうかがえる。また中国人、インド人、アラブ人も、代数学の分野で重要な発見をし、何世紀もあとまでヨーロッパ人が到達できなかったような高度なレベルに達していた。

13世紀の中国では、秦九韶をはじめとする数学者たちが、きわめて複雑な代数学の問題を喜び勇んで解いていた。秦九韶は四川省の賢人で、彼が1247年に著した『数書九章』には、方程式を解くための理論だけでなく、暦の計算、天候、現地調査、徴税、築城、建設、軍事関連の助言などもたっぷり記されている。さらに彼は精力絶倫でも知られ、ポロの名手という評判も得ていた。そのあいだヨーロッパ人たちはといえば、血なまぐさい戦争につぐ戦争でひたすら剣をまじえるか、ただ貧困のうちに生きていた。

だがヨーロッパも、いつまでもxとyに背を向けてはいられなかった。代数学はどうやら伝染性であるらしく、

イタリアでは13世紀の末ごろに感染が始まった。アラブの数学の成果が新しい商人階級のあいだに広がりだしたのだ。そうしたなかで最も影響力があったのが、アル-フワーリズミーによる代数学の入門書、『ヒサーブ・アル-ジャブル・ワル-ムカーバラ』の翻訳である。この題名は、「アル-ジャブルとアル-ムカーバラの計算の書」と訳される。「アル-ジャブル」という言葉の意味は、すでに説明した。「アル-ムカーバラ」とは、等式の両辺から同じ数を引いて単純化する手順のことだ。たとえば、$5x+2=4$ という方程式は、両辺から2を引くことで、$5x=2$ となるように単純化できる。

ヨーロッパの数学者たちは、いったん方程式を解くおもしろさを知るや、その熱狂的なファンになった。アル-フワーリズミーとその友人たちは、あらゆる二次方程式の解きかたをすでに示していた。そこでヨーロッパ人は、未知数が1つの三次方程式（xの最大の累乗がx^3である方程式）を解くことに挑んだ。スキピオーネ・デル・フェッロ（1465-1526）、ニッコロ・タルターリア（1500-1557）、ジェロラモ・カルダーノ（1501-1576）らイタリア人数学者のチームは、16世紀の末までにそれを達成した。さらにほどなくして、カルダーノの弟子のルドヴィコ・フェラーリ（1522-1565）が、未知数1つのすべての四次方程式（xの最大の累乗がx^4である方程式）の解きかたを示した。

挑戦はそこでは終わらなかった。いきり立った男子生徒のように、その後の学者たちはすべての五次方程式

（そう、xの最大の累乗がx^5である方程式だ）の解きかたを見つけようとした。だが悲しいかな、19世紀の初め、ノルウェー人のニールス・アベル（1802-1829）とフランス人のエヴァリスト・ガロア（1811-1832）によって、五次方程式を解く一般的な公式は存在しないことがついに証明された。

> **パズル 60**　ある友人グループが共同でお金を出し合って、仲間の結婚プレゼントに電動ドリルを買おうと決めました。1人あたり8ドル出すと、全体で3ドル多すぎ、1人あたり7ドルだと、4ドル足りなくなってしまいます。友人は全部で何人いるでしょう？

男子生徒たちとの共通性は、それだけにとどまらない。当時の数学者たちの競争意識はすさまじく、どちらがクラスのトップかをはっきりさせるために、たえず数学の腕くらべを挑み合っていた。スキピオーネ・デル・フェッロはボローニャ大学の数学および幾何学の学科長だったが、権威ある地位についてはいても、それにふさわしい態度はとらなかったようだ。彼は三次方程式の解きかたを自分ひとりで独占し、だれから競技を挑まれても勝てるようにしていた。そうした競技の賞は、かなりの高額の金か、一流大学のポストである場合が多かったからだ。しかし教え子のひとりアントニオ・マリア・フィオーレにだけは、自分のテクニックを伝授した。それと同じころ、デル・フェッロと同時期の人だったニッコロ・

タルターリアは、自分も三次方程式を解けると自慢げに触れまわっていた。今の学校の校庭でそんなまねをすれば、あっというまに目のまわりに黒いあざを2つつくって医務室行きになるところだ。

やがて、最終決着をつける時がやってきた。1535年ごろ、タルターリアとフィオーレは、数学の競技で対決した。両者がそれぞれ30個の問題を出し、相手に解かせたのだ。フィオーレはリスクの高い戦略をとり、煎じつめれば同じタイプの三次方程式——デル・フェッロから解きかたを教わっていたもの——になるような問題ばかりを出した。タルターリアがフィオーレに出した問題は、よりバラエティに富んだ組み合わせだった。フィオーレの不運は、彼が出したタイプの三次方程式の解きかたをタルターリアが知っていたことだった。おかげでタルターリアはかなりの高得点をあげたが、フィオーレのほうは運に恵まれず、結果はタルターリアの勝ちとなった。そして彼は、褒賞を辞退するという太っ腹なところを見せた。敗者は勝者とその友人たちのために、30人分の食事の席をもうける決まりだったのだ。タルターリアのご満悦ぶりがうかがえるエピソードである。

7 x だけでなく a, b, c も使った成果

フィオーレやタルターリアといった16世紀の数学者たちが、方程式の限界をじりじり押しさげてはいったも

のの、彼らはまだ、わたしたち現代人が理解しているような代数学を発展させたわけではなかった。

ずっと見てきたように、代数学とは基本的に一般化の手順である。数学における一般化のプロセスが始まったのは、はるか昔のファラオの時代だ。そのころエジプトの数学者たちが、未知の数を「ヘアプ」と呼ぶようになった。ほかの多くの文化もこの段階を通っている。バビロニア人は未知数を「ウシュ」(「長さ」という意味) と呼んでいたし、ほかにもいろいろなものを表す言葉があった。たとえば、ある未知数の平方は「サガブ」(もとは「四角」という意味) と呼ばれていた。インド人数学者ブラフマグプタ (598–665 以後) は、未知数を表すのに、さまざまな色の省略語を使った。

つぎのステップは、記号化をさらに広い範囲に適用することだった。この動きもやはり、さまざまな時期にさまざまな場所で起こっている。ギリシア人数学者のディオファントス (200 ?–284 ?) は、西暦 250 年ごろに、数学的な言葉を伝えるための速記法を考案した。彼は未知数や数を表す記号を使った

が、その用語法はやはりおそろしく複雑だった。たとえば $Δγγζιβ M θ$ と書けば、x^2 3 x 12 9、つまり $3x^2 + 12x + 9$ ということになる。

こんな用語法は複雑すぎるため、数学の問題を解く方法の根底にあるパターンを見きわめるのは難しいし、そうしたパターンをかんたんな形で伝えることも難しくなってしまう。総じていえば、数学者はただ単に、特定の

タイプの問題の解きかたの例をたくさん書き記し、読者がその背後にある理論を理解してくれることを望むものだ。1629年に、有名な数学者・哲学者のルネ・デカルトは、こうこぼしている。「もしもわれわれが、膨大な数の羅列や不可解な数字から代数学を解放できさえすれば、純粋な数学とはかくあるべきだと思われるような明晰さ、簡明さを示せるのではないだろうか」

> **パズル 61** ある男が香水を2種類もっていて、1つは1びん10ポンド、もう1つは1びん4ポンドで売っています。この2つをどう調合すれば、1びん6ポンドで売れるでしょう?

たしかに明確といえる数学の言語をようやく考え出したのは、ポワトゥーのフランソワ・ヴィエト(1540-1603)という人物だった。彼は16世紀の後半に、フランス王の恩寵を得ては失うということをくりかえしていた。当時のフランスは、さまざまな宗派が入り乱れて争い、てんやわんやの状態にあった。やがてヴィエトはアンリ四世の庇護を得た。アンリ四世は彼の才能を利用して、スペインのフェリペ二世から敵勢力に送られている暗号を解読させようとしたのだ。ヴィエトは成功した——あまりに成功しすぎたせいで、フェリペはローマ教皇に向かって、黒魔術が自分に対して行われていると申し立てたほどだった。

国王の庇護を受けられない時期、ヴィエトは数学の研

究に没頭していた。代数学の面から見た彼の画期的な貢献には、方程式の未知数を一般化したことだけでなく、足し算などの操作を表す符号を考案したこと（足し算を示す＋、引き算を示す－を取り入れた）、未知数に掛けられる係数を一般化したことなどもふくまれる。それまでの学者たちが、同じような一連の方程式（たとえば、$2x+3=10$、$4x-1=13$、$6x+23=132$ など）をばらばらに扱っていたのに対し、ヴィエトはそうした個々の方程式をひっくるめて、$ax+b=c$（a、b、c は個々の例のなかの数を示す）という一般的な形で表したのだ。そして、あらゆるタイプの同じ方程式の解きかたを、先人たちよりもずっと簡潔に説明することができた。

いささか興奮しすぎだろうと思われるかもしれないが、これは当時としては非常に意味のあることだった。そのおかげで数学者たちが、特定のタイプの問題を解く一般化された公式を書き記せるようになったからだ。このころまでにアラブ人たちは、どんなタイプの二次方程式でも解くことができるようになっていたが、彼らはそのために、二次方程式を５つのタイプに分類していた。たとえば、$bx=ax^2$ といった形の一般的な方程式（$2x=3x^2$、$4x=6x^2$、$22x=9x^2$ など）を解くための方法があるいっぽう、$ax^2+bx=c$ といった形の一般的な方程式（$4x^2+2x=1$、$5x^2+4x=7$、$6x^2+2x=11$ など）を解くにはまったく別の方法があった。アラブ人のテクニックはじつに独創的だったが、代数学と幾何学を結びつけたこと、負の数に無関心であることによって、二次方程式すべてが

同じ方法で解けることを見落としていた。

しかしヴィエトがこうした形の代数学を発明すると、すべての二次方程式を1つのタイプ、つまり $y = ax^2 + bx + c$（a、bはそれぞれx^2、xに掛けられる数で、cは方程式の終わりにくる数）として考えられるようになる。ここから、すべての二次方程式を解く一般的な公式が導き出される。あなたにも旧友との再会の喜びを味わってもらおう。その公式とはこうだ。

$$y = \frac{-b \pm \sqrt{b^2 - 4ac}}{2a}$$

今度もあなたが怖じ気づくのはむりもないと思うが、このヴィエトの発見は、同時代の人間たちにもそれ以降の人々にも深い影響をおよぼしてきた。かつての数学は、専門の教育を受けた学者や聖職者からなるエリートたちの領分であって、一般人たちからは猜疑の目で見られていたが、それはただ複雑すぎてついていけないことが主な理由だった。しかし17世紀にヨーロッパの商業が発展するにつれ、より進んだ数学が実用的な価値をもつことがあきらかになった。代数学は職人や実業家に、数学に触れる手段を与えた。実際的な問題を解くための公式を、その根拠はわからなくても使えるようになったのだ。こうして数学は、エリートだけの謎めいた黒魔術ではなく、一般人のための道具とみなされはじめた。

この大衆化の過程に加え、代数学はさまざまに分析・操作されるというややこしい状況も受け入れた。ほどな

くガリレオ・ガリレイ（1564 - 1642）が物体の動きをつかさどる法則を調べ、ヨハネス・ケプラー（1571 - 1630）が惑星の運動を研究し、アイザック・ニュートン（1642 - 1727）が木から落ちるリンゴを眺めることを始めた。わたしたちの時代になると、人類は月やほかの惑星にまで到達し、アルバート・アインシュタイン（1879 - 1955）は相対性理論を発見した。代数学の単純化の力と、その関係性やパターンをきわだたせる力がなければ、こうした人々の功績はありえなかっただろう。

図を使って 二次方程式を解く方法

　数学の問題を前にして、何かもっと具体性のあるものを少しばかり参考にしたくなったとしても、決して恥じることはない。ヴィエトの時代まで、ほとんどの数学者は、幾何学図形と関連づけて考えなければ、なかなか方程式を理解することができなかった。未知の数を表すバビロニア語が「線」であったり、わたしたちが「xの平方」だの「xの立方」だのと言ったりする理由もそこにある。ヴィエト自身も、立方、平面、線、といった言葉で未知数に言及していた。図形を描くことができれば、方程式の扱いはぐっとかんたんになる。フランシスコ会修道士のルカ・パチオリ（ブラザー・ルカ）が図形を用いて方程式に取り組んだときの方法を紹介しよう。

　パチオリは世界じゅうの会計士から、「計算の父」と

して敬愛されている。1494年に発表された『算術、幾何学、比および比例全書』という書物のなかで、初めて複式簿記についてあますところなく解説したためだ。彼の口癖はこうだった。「借方と貸方が一致するまで、人は寝てはならない!」

しかし今回は横道にそれて、会計業務の細かな点を勉強しているひまはない。いま気になるのは、パチオリが $x^2 + 10x = 39$ といった問題をどのように解こうとしたかである。彼は、仰々しい公式を持ち出したり、ややこしい手続きにこだわったりはしなかった。線と正方形になぞらえて問題を考える方法を考え出したのだ。

パチオリはまず、こんな絵を描いた。

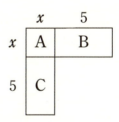

正方形Aの面積は「x掛けるx」(つまりx^2)である。長方形Bと長方形Cの面積はどちらも「5掛けるx」(つまり$5x$)なので、これを合わせた面積は$5x+5x$(つまり$10x$)だ。したがって、A、B、Cを合わせた面積は、$x^2 + 10x$となる。パチオリは、自分が解こうとしている方程式に等しい幾何学図形を描いたのだ。

それが終われば、この方程式を解くのは、代数学の問

題ではなく図形の問題になる。xの値を求めるには、正方形Dを描いて図形を完成させなければならない。

	x	5
x	A	B
5	C	D

この図形では、A、B、Cを合わせた面積は x^2+10x で、その値は39である（もとの方程式に従えば）。

正方形Dの面積は「5掛ける5」で、25になる。

したがって、A、B、C、Dを合わせた面積は、39＋25＝64。

ところが、A、B、C、Dを合わせた図形は正方形だということも確かである。その面積が64になるには、1辺の長さが8でなければならない。

しかし図形を見ると、この正方形の辺は（$x+5$）でもあり、したがって$x=3$でなければならない。

パチオリのような人たちは長い時間をかけて方程式を図形の問題に変えようとし、それなりの成功をおさめた。ただし、こうしたやりかたには問題がある。第一に、方程式のタイプに応じて別々のテクニックが必要になるということだ。先ほどのと似た形の方程式なら（すなわち $x^2+ax=b$、a と b は正の整数）、パチオリはすべて同じタイプの図形を使って解くことができた。しかし別の形

の二次方程式を解くには、まったくちがう方法を見つけなければならなかった。前に見たように、その後の数学者たちは、対照的に「純粋な」代数学を用いたので、すべての二次方程式を解くための「公式」を利用することができた。第二に、パチオリのやりかたでは、方程式の負の解を求められなかった。図形を扱っているかぎり、マイナスの長さというのは意味をなさないからだ。だが実際のところ、先ほどの方程式にも2つの解がある。1つは3で、もう1つは−13だ。純粋な代数学のテクニックを使うなら、この両方が求められる。

代数学の道にあまり深入りしすぎるのは、やめておくに越したことはない。事態がいささかおかしなことになってくる。道の跡がどんどん薄れはじめる。ブービートラップや有刺鉄線、「立入禁止」の標識が現れる。その先には何が待つのか? そこにあるのは、二次相互法則、円分整数、超越数、四元数、ネーター環、などなどだ。あなたにその準備はまだできていない。

パズル 62 この図は、アラブの数学者アル−フワーリズミーが、先ほど出てきたのとまったく同じ方程式、$x^2 + 10x = 39$ を解くのに用いたものです。

	B	
C	A	

Aは１辺が x の正方形で、ＢとＣはどちらも辺の長さが x と 2.5 の長方形です。これだけの情報から方程式を解くにはどうすればいいか、考えてみましょう。

第4部

サイコロばくちから生命保険まで

「確率は人生の導き手」なんて期待しすぎ

　こんな話をするとたぶん驚かれると思うが、かつて確率というものにえらく大きな期待がかけられていた時代があった。最初はたしかに、コインを100回投げると裏がどのくらいの頻度で出るか、それを予測する方法を考えることから始まったはずだ。ところがそうした予測の正しさが判明すると、人々はわれを忘れてしまった。

　最初に確率を研究した人たちは、そのことによって未来が垣間見られるという望みをもった。確率の計算によって、ひと晩のギャンブルでサイコロの6の目をおよそ何度出せるかがわかるなら、今後100年間に自分の国に何が起こるかもおおよそ予測できるだろう、ただ確率を人間の問題に応用するだけのことだ、と。それが1814年の、数学者ピエール-シモン・ラプラス（1749-1827）のこんな発言につながった。「世界を支配するとまで嘱望された帝国といえども、将来の可能性の計算に熟達した者にかかれば、その没落はきわめて高い確率で予測されうるのだ」（『確率の哲学的試論』1814年）。もっともこの言葉は、ナポレオン帝国の崩壊を指すもので、実はすでに起こったことの話だった。だから、この予言が当たる確率がどうだったかについてはなんとも言いようがない。

　またある人たちは、確率というものを、人生において正しいことを最終的にあきらかにする方法だと見ていた。

あることの「善」の程度を数値化でき、今後何かをすることでそれが実現できる可能性も数値化できるとしたら、その2つの数値を掛け合わせれば、もう1つ別の数値が得られる。その数値こそ、あなたの行動によって期待される「善」だということになる。そしてそれを、その時点で考えられる別のすべての選択肢、その選択肢によって実現できると期待される「善」の量、またその数値を最大にするためにとるべき行動と比較参照することができる。それがあなたのなすべきことだというわけだ。

ドイツの哲学者・数学者・論理学者のゴットフリート・ヴィルヘルム・ライプニッツ（1646-1716）は、別の言いかたをしている。ライプニッツの名がよく知られているのは、微分学と積分学を考案した（サー・アイザック・ニュートンとは別個に）ことが主な理由だろうが、彼は重要な哲学の問題の考察にも多くの時間を費やした。とりわけ、純粋に論理的な原則によってすべてが決定され、もはや「何をするのが正しいか」という手間のかかる面倒な議論をせずにすむような段階にまで達したいと考えていた。

そんな思考を推し進めるうちに、ライプニッツはつぎのような結論にたどりついた。どういった行動が最善であるかを知るためには、最も大きな長方形をつくりだすように行動しなければならない。こう言えばもう少し意味が通じるだろうか。つまり、その長方形の1辺の長さが、ある行動によって得ようとする「善の量」を表し、別の1辺の長さは、その行動によって実際に目標が実現

される見込みを表すのだ。そして長方形の大きさは、（得ようとする善の量）×（あなたの行動で実際に目標が実現される見込み）によって求められる。この長方形をできるだけ大きくすることが、あなたの目標になるというわけだ。

　ライプニッツは善意の持ち主だった。哲学者はたいていそうだ。しかしこの理論を実践すれば、どんなことが起こるだろうか。たとえば、あなたが友人の家を訪ね、ひと晩泊まることになったとしよう。なぜそうなったかといういきさつはともかく、その決定がのちにおよぼす影響は甚大だ。というのも、思いつきで決めたことなので、あなたは洗面用具を持ってきていない。そして浴室に入ってみると、腹立たしいことに、目の前の特注のホルダーには友人の歯ブラシと歯磨きが差してある。
　それに関連する事実もつけくわえておこう。その一。あなたの友人は、自分の歯ブラシがだれかに使われると想像しただけでいやがるタイプである。その二。夕食に食べた冷凍ラザニアのせいで、あなたの口のなかにはひどく不快な後味が残っている。さて、どうすればいい？
　そう、ライプニッツに従うなら、あなたは最も大きな

長方形をつくろうとしなければならない。だからまず、あなたの行動によってもたらされる「善」を考える。話をかんたんにするために、このときのあなたには2つの選択肢しかないとしよう。歯ブラシを使うか、使わないかだ。もちろん、歯ブラシなど無視して外の街へ出ていき、なかなか道路を渡れずにいるおばあさんに手を貸すこともできる。だが、とりあえずは目の前の課題に集中しよう。

　もし歯ブラシを使うとすれば、あなたが得ようとする「善」は、おそらく歯科衛生上の効果だろう（ほかに歯を磨く理由は思いつかない）。もし歯ブラシを使わないとすれば、あなたの動機は、友人に対して正しい行いをするという点にある。あなたの行動がもたらしうる結果にどういった「善」があるかを考えたら、つぎのステップは、その2つの選択肢による「善」の程度を算出することだ。しかしここで、ちょっとしたトラブルにぶつかってしまう。歯科衛生上の「善」や、友人に対する配慮の「善」を、どうすれば数値化できるのか？

　0から10までの尺度で表してみよう。10が文句なく最高の「善」で（たとえば、異星人の侵略から片手でちょいちょいと世界を守る）、0はまったく善でないことを示す（たとえば、自分の親の家に火をつけ、家が燃え落ちるそばでけらけら笑う）。しかし、歯科衛生上の善はどこに当てはまるのか？　どうやってその値を算出するのか？　かりにライプニッツの考えをそこまで文字どおりに受けとめないにしても、そもそもどちらの目標が

より「善」だと言いきれるのだろうか？

　この問題は少しおいておくとして、つぎのステップは、あなたの行動がめざしていた「善」が実現される確率を算出することだ。もし歯ブラシを使うとしたら、そのことが歯科衛生上よい結果につながる公算はどれだけか？　その点については、あなたもかかりつけの歯科医から大ざっぱな数字を聞かされているのではないかと思う。だが医者はいつでもそういった統計を患者の頭にたたきこもうと躍起なので、額面どおりに信じていいのかどうかはよくわからない。

　また、歯ブラシを使わないとすれば、そのことがあなたの友人に対して正しい行いをするという善につながるだろうか？　たしかにつながるとは思うが、しかしこの善をめざす目的のなかには、当の友人が今後あなたに対しても同じような配慮をしてくれるという期待もふくまれているだろう。ふたりでジムで汗だくになるまで運動したあと、彼があなたのタオルで体を拭くのをやめてくれるという期待が裏にあるのではないか。しかし当の友人には、あなたが彼の歯ブラシを使うまいと決めたことなど知りようがない。あなたがさんざん悩んだすえにその結論に達したいきさつを話せば別だが、それでも向こうは、あなたが自分の洗面用具を使おうと少しでも考えたことにむっとするか、そんなどうでもいい話をするなんておかしなやつだと思うだけだろう。

　それやこれやで、あなたはバスルームにひとり取り残される。必死で鏡のなかに長方形を思い浮かべようとす

るうちに、こんなときライプニッツはなんの役にも立たないという思いがふくらんでくる。めざす目的の善と、それが達成される公算の両方を考慮することが、意思決定のうえで重要になる——そうした彼の主張は、たぶん正しい。とはいえ、彼はやるべきことを選択するという手順をらくにしてはくれない。さまざまな行動の道筋を数値化するのもまずまちがいなく不可能だ。だからわたしとしては、浴室のドアに錠をおろして蛇口をひねり、ホウロウに当たる水の音にまぎれて楽しく友人の歯ブラシで歯を磨くことをおすすめする。だれにも真相を知られることはないだろう。

> **パズル 63**
> あなたは5対のイヤリングをもっていますが、すべて箱のなかでごっちゃになってしまいました。これはペアだと確信できる2つを手にするまでに、いくつのイヤリングを取り出さなくてはならないでしょう?

というわけで確率は、その初期の支持者たちの気高い目的にはあまりそぐわなかった。確率は、何をするべきかを教えてはくれないし、未来にまつわるくわしい情報も与えてはくれない。それでも多くの人が、確率についていかにも重要そうな発言を続けるのは止まらなかった。たとえば、デカルトはこう言っている。「真実が何かを決めることがわれわれの能力を超えているというなら、真実であるという見込みが最も高そうな物事を選ぶべき

だ。これはまったく確かな事実である」。またキケロ（紀元前 106 – 同 43）はこう語った。「確率は人生の導き手にほかならない」。アメリカ人数学者のチャールズ・サンダーズ・パース（1839 – 1914）はこう言っている。「人間の問題はすべて確率にもとづいているが、同じことはあらゆるものに関して言える。もし人間が不死であれば、いつか絶対に確実に、信じていたすべてのものにその信頼を裏切られる日がやってくる。そして悲惨な絶望が訪れる。最後には、すべての人間が崩れ落ちる。どんな幸運も、どんな王朝も、どんな文明も同じことだ。だがそれとひきかえに、われわれには死というものがある」。これもまた、善意の言葉なのだろう。

パズル 64 ある 2 人用のボードゲームで、プレーヤーが代わりばんこに自分の駒を進めていきます。目的は 100 マス先のゴールラインまで進むことで、最初にその線を越えたほうが勝ちです。プレーヤー 2 人は、別々のルールに従います。バートはいつも一度に 3 マスずつ駒を進めていきます。アーニーはサイコロを振って、その目の示すとおりの数だけ進みます。バートとアーニーのどちらのほうが勝つ見込みが大きいでしょうか？

2 確率研究の始まりはばくちに勝つため

確率を現実の問題に応用することの難点は、現実とい

うものが複雑すぎることだ。わたしたちはいついかなるときもあらゆる選択を迫られるし、どうするのがベストか知ることが不可能な場合も多い。もしあらゆる決断がかんたんにできるようなら、人生のおもしろさはいささか薄れてしまうだろう。

しかしゲームは、それとはまた別種のややこしい状況である。ゲームは通常、きわめて厳格なルールに支配されているが、そのルールは比較的シンプルなものでなければならない。さらにいえば、人はみなゲームに勝ちたがる。だから対戦相手より優位に立つためにどうすればいいかという問題には、いくらでも頭を使おうとする。確率の研究はそこから始まったのだ。

最初にゲームの分析を始めたのは、イタリア人数学者のジェロラモ・カルダーノである。カルダーノはファツィオ・カルダーノの私生児だったが、この人物は、幾何学の問題に関してレオナルド・ダ・ヴィンチから相談を受けたほどの知識の持ち主だった。

始めに父親の手ほどきを受けたあとで、カルダーノは大学で医学を学びながら、カードゲームやダイスやチェスなどの儲けを生計の足しにしていた。やがて1530年代に入ると、彼は数学の研究に没頭しはじめる。この時期、彼は代数学への大きな貢献に加え、確率論という未踏の領域にも初めて分け入った。彼の書いた『さいころあそびについて』（確率論——1500年代に書かれたが、発表されたのは1660年代になってから）は、サイコロを振るといった事柄を最初に研究した書物で、公算のゲ

ームに科学的な原則を適用することは可能であるという前提にもとづくものだった。彼がいろいろなゲームでの勝利法に関して行ったアドバイスの一部は、確率の概念をもとにしていた。たとえば彼は、無作為に振った2つのサイコロの目の合計がどうなるかという結果の分布を調べている。そのいっぽうで、純粋に実践的なアドバイス、たとえば1組のトランプから特定の札を引く見込みは、あらかじめその1枚に石鹸(せっけん)を塗っておくと格段に大きくなる、といったものもあった。

　確率研究の誕生は16世紀にまでさかのぼるが、カルダーノは時代の先を行っていたといえるかもしれない。だが、彼のような人々が確率を利用して取り組み、答えを出しはじめた問題は、わたしたちが教室で直面するのと同じ種類の問題だった。これは気持ちを明るくしてくれる話ではないだろうか。数学の天才といわれる人たちでも、わたしたちと同じように、黒い玉が3個、白い玉が2個入った袋から黒い玉を取り出せる見込みはどのくらいなのだろうと頭を悩ませていたのだ。あるいは、サイコロを振ったとき、奇数の目と偶数の目のどちらが出やすいのだろうと。あるいは、緑色のキャンディが24個、青いキャンディが12個、赤いキャンディが15個入っている袋から、ピーターが赤いキャンディを取り出す確率はいくつだろうと。そう、キャンディの問題はともかく、その他の問題については、彼らもたっぷり時間を費やさなければならなかった……。

第4部 サイコロばくちから生命保険まで 193

> **パズル 65**　タンザニアの首都キガリのイギリス大使館でクリスマス・コンサートが開かれ、その最後に賞品つきのくじ券が販売されました。帽子のなかに入っているくじ券は120枚。賞品はインターコンチネンタル・ホテルでの食事、ウィスキーのボトル、プラスティックのクリスマスツリーの3つです。券を1枚だけ買ったとしたら、賞品が当たる確率はいくつでしょう？

ピエール-シモン・ラプラスも確率の初期の学究のひとりだ。彼は1749年、ノルマンディーの比較的裕福だがほとんど学問の素養のない農家に生まれた。19歳で学位をあきらめてパリに移り、自分で選んだ学問である数学を集中して学んだ。そして自称「フランス最高の数学者」となったのだ。ラプラスの数学者としての生涯は、惑星の動きの不規則性を説明することに費やされた。

> **パズル 66**　そのクリスマス・コンサートのあとには、たいへんな興奮が待っていました。ミンスパイ25個、フェレロ・ロシェのチョコレート64個、カクテルソーセージ49個が載った大皿を、大使が用意していたのです。わたしも皿に向かって押し寄せる群れに加わりましたが、国連の人権担当官にヘッドロックされ、その豪華な料理のほうに顔を向けることができません。自分の正当な取り分をぜがひでもとろうと、わたしはやみくもに手を伸ばし、皿の上の何かをつかみました。ミンスパイ、フェレロ・ロシェ、カクテルソーセージがばらばらに混ざって置かれているとしたら、わたしがつかんだものがソー

セージでない確率はいくつでしょう？

 しかしラプラスは、惑星に関する研究から少し時間を割いて、確率にも考えを費やしていた。「公算の理論とは、同種類のすべての事象を等しく確からしい場合の数にまとめること、そしてある事象の確率を求めようとするとき、その事象を"満たす"場合の数を決めることにある……この数とすべての起こりうる場合の数との割合が確率の大きさであり、ゆえに単純な分数の形で表される。その分子は、"満たす"場合の数であり、分母は起こりうるすべての場合の数である」(『確率の解析的理論』1812年)
 つぎに紹介するのは、数学の時間に出されるのとまったく同じタイプの問題だ。サイコロを1回振ったとき、2より大きな目が出る確率は？　同様に確からしい場合の数は6、そのうち2より大きな目が出るという事象を「満たす」場合は4。したがって求められる確率は4/6となる。盤を均等に5つに分けて1から5までの数を振った小型ルーレットが奇数に止まる確率は？　同様に確からしい場合の数は5だが、そのうち奇数に止まるという事象を「満たす」場合は3。したがって求められる確率は3/5となる。
 ラプラス自身、「大きくて、非常に薄いコイン」を考えることで、自分の考えを例証してみせた。「そのコインの2つの面——表と裏、と呼ばれる——はまったく同様である」彼はみずからの確率の理論を用いて、このコ

インを宙に2回投げ上げたとき、少なくとも1回は表が出る公算を求めた。あなたもこの問題を自分で計算してみたいと思われるかもしれないが、行きづまってもがっかりすることはない。これは当時としては最先端の、多くの数学者を苦しめていた難問なのだ。

3 確率には数学者もだまされる？

　哲学者のジャン・ダランベール（1717 - 1783）は、ある砲兵隊将校の私生児だった。パリ科学アカデミーでは同僚との競争に気を散らされ、周囲の人間とだれかれなく口論する傾向もあったが（すべての敵からの攻撃を一身に浴びる「避雷針」として有名だった）、数学の分野でも目覚ましい貢献を果たした。たとえば、当時の数理物理学者たちは、睡眠時間を削ってまで運動エネルギーの保存にまつわる論争をくりかえしていたが、そこにダランベールが登場し、ニュートンによる力の定義に改良を加えたのだ。

　それほどの才能に恵まれながら、ラプラスのコインの問題を解くとなったとき、彼はありとあらゆる問題にぶつかった。何度も何度もこの問題に取り組んだものの、答えはつねにまちがっていた。表が少なくとも1回出る確率は2/3だと、彼は主張したのだ。その論拠は、可能な組み合わせは3つ──「表と表」「表と裏」「裏と裏」──だという事実にあった。

ラプラスはきわめてやさしく、またきわめて紳士的に、ダランベールの誤りの理由を説明した。その理由は、それぞれの起こりうる「場合」が同様に確からしくなければならないという点にある。前の章の例では、サイコロは等しい面を6つもち、小型ルーレットの区分けの大きさは等しく、コインは「完全に同様な」面を2つもっている。これは、サイコロのすべての目は同様に確からしく、小型ルーレットはすべての数に同様の確からしさで止まり、コインの表と裏が出る見込みは完全に等しいという意味だ。しかし起こりうるさまざまな場合が同様に確からしくないような状況はいくらでもある。2つのサッカーチームが対戦すれば、試合が終わったときに勝つか、負けるか、引き分けるかすることは確かだが、この3通りの結果は同様に確からしいわけではない。サンマリノがワールドカップに出場しないほうに金を賭けられるのはそのためだ。同じ意味で、6の目が出やすいように細工したサイコロを買うこともできる。そんなサイコロを振って6が出る確率は、もはや1/6ではない。

ところがダランベールは、そこで誤りを犯した。コインを2回投げるとき、起こりうる結果の組み合わせは3通りしかないというのは、ある意味正しい。しかしよく考えてみれば、そのうちの1つ（表と裏の組み合わせ）はほかの2つよりも起こりやすいことに気づくだろう。コインを2回投げたときに起こりうる状況をすべて考えてみればわかる。「1回目が表 − 2回目が表」「表 − 裏」「裏 − 表」「裏 − 裏」、だ。ダランベールが表と裏の組み

合わせについて語るとき、彼は2つの別々の場合――「表-裏」「裏-表」――をいっしょくたにしていた。ラプラスがこのタイプの問題で気をつけるように言っていたとおりにせず、ただ「同様に起こりうる」場合だけを考慮していたのだ。

パズル 67 ある競馬のレースで、レイシーロッダーズが勝つ見込みは、ハイフーフが勝つ見込みの2倍です。またハイフーフが勝つ見込みは、ロングレッグズが勝つ見込みの2倍。レースに出るのがこの3頭だけなら、レイシーロッダーズが勝たない確率はいくつでしょう？

一般に多くの人たちは、雷に打たれる危険を心配してもしかたがないと考える傾向にある。2002年にアメリカの安全性評議会がまとめた記録によると、一生のうちに雷に打たれて命を落とす確率は56439分の1だ（裁判で死刑になる確率――55597分の1――にほぼ等しい）。これを基準としてみると、少しは心配したほうがよさそうなものもいくつかある（ただし、こうした統計が国によってちがうことは心にとめておくべきだろう）。たとえば、歩いて移動する（致命傷を負う確率は612分の1）、自転車で移動する（4587分の1）、オートバイで移動する（1159分の1）、自動車で移動する（228分の1）、梯子や足場に登る（9175分の1）、アルコールを飲む（10493分の1）、過労（29101分の1）など。逆にあまり

心配しなくてよさそうなものは、バスで移動する（86628分の1）、列車で移動する（133035分の1）、3輪自動車で移動する（177380分の1）、花火（744997分の1）、犬（206944分の1）、ヘビやトカゲ（1241661分の1）などだ。わたしとしては、いますぐ3輪の乗り物を買いに行くようおすすめしたい〔もちろんこれは冗談。3輪自動車で死ぬ確率が低いのは、主に3輪自動車に乗る人が少ないからで、3輪自動車が自動車より安全ということは意味しない〕。

こうした数字が飛びかうなか、自分自身でリスクに対処するのは、なかなか大変だ。さらにやっかいなことに、あなたの問題を増やそうとする連中もいる。特に確率を振りかざす人たちが現れたら、大いに気をつけなければならない。たとえば製薬会社だ。製薬会社は、あなたがこの世界で直面するリスクについて語ることにきわめて熱心である。また、製品を売りこむことにかけてもじつに熱心だ。そしてこの2つは、無関係とはいえないかもしれない。

たとえば、統計によると、心臓発作を起こした1万人の男性が血栓溶解剤（いや、わたしもどういうものかはよく知らない）を投与されなかった場合、6週間以内におよそ1000人が死ぬ。だが、同じ男性のグループにその薬を投与した場合、同じ期間内に死ぬのは800人である。投薬をしない場合に死ぬ確率は1000/10000つまり10/100で、投薬をした場合に死ぬ確率は8/100。問題は、この情報が相当にちがった形で提示されうるということにある。製薬会社は、わたしたちは200人の命を救った

と、あるいは自分たちの薬で生存の見込みが5分の1も増えると主張するかもしれない。いっぽう現場の医師たちは、100人に投薬しても2人の患者の命しか救えないことに注目するかもしれない。そしてそのお金は、何かもっと効果的な治療のために使ったほうがいいと思うかもしれない。感情的な要素の強い問題で決定を下すのは難しいことだ。しかも確率は、どちらの側の論拠にもなりうるような操作が可能なのである。

パズル 68　あなたはフック船長につかまり、船の後部マストに縛りつけられました。船長は船の側面に梯子をおろし、海面がその下から13段目まできたら、すぐにおまえを鮫のエサにしてやると言いました。いま見ると、ちょうど4段目がぎりぎり水に浸かっています。船長の言うところでは、梯子の段の幅は5cmで、段と段のあいだは7cm、そして海面は1時間あたり22cmずつ上昇しています。あなたに残された時間はどれだけでしょう？

パズル 69　ある病院の従業員には3つのカテゴリー、医師、看護師、管理職があります。従業員全体は350人で、そのうち70人が男性です。男性の従業員のうち、医師は28人。女性の医師は男性の医師の半分の数です。男性の従業員の22人は管理職のカテゴリーに入ります。看護師は250人います。この350人の従業員から無作為に選ばれた1人が、豪華客船の旅に出かけられます。その1人が女性の管理職である確率はいくつでしょう？

確立された確率論の基礎とはこういうものだ。1組のトランプから赤の札を引く確率は 26/52 で、1組のトランプからジャックの札を引く確率は 4/52 で、1組のトランプから赤のジャックの札を引く確率は 2/52 となる。しかしこのレベルでも、あるゲームで自分が優位に立ちたいと思うジェロラモ・カルダーノのようなギャンブル好きには、確率はすでに役立っている。ブラックジャックでカードカウンティングをするのも、その一例だ。

　カードカウンティング（札を数える）というのは、きっと何かのいかさまなのだろう、とわたしはずっと思っていた。札に目印をつける、袖の裏にダイヤのエースを隠しておく、上のバルコニーからガールフレンドが双眼鏡で相手の手札をのぞき、補聴器と偽って耳につけている装置に無線連絡してくる、といったことと同レベルの行為だろうと。だが、そういうわけではなかった。カードカウンティングとは、ハイカード（10、ジャック、クイーン、キング、エース）が残りの山に何枚残っているかを記録するという、ごく単純な戦略だ。そんなことをする理由は、こうした札が残りの山に集中して残っていると、プレーヤーがディーラーに勝つ見込みが少し増えるという事実にある。なぜなら、このゲームのルールによると、ディーラーは自分の手札の合計が 17 より小さい場合、もう1枚札を引かなければならないからだ。山にハイカードが多く残っていれば、プレーヤーがより慎重になるいっぽう、ディーラーが合計の数が 21 を超えるような札を引く、つまり「ドボン」になる見込みは増

える。だからこの状況になったときは、ただちに高額のお金を賭けるチャンスだというわけだ。

そう、わたしの見解では、これは知的戦略であり、決していかさまではない。しかしカジノ側は気に入らないらしく、ディーラーに1組ではなく7組のトランプから札を配らせることでじゃまをしようとする。そしてカードカウンティングの手法を使っている客を見つけると、カジノから追い出してしまう。こうした姿勢は、わたしにはいささかアンフェアに思える。何組ものトランプが使われているときにいちいち残りの札を数えるなんて、絶好調のときでも難しいことなのに、まずいマティーニを何杯も飲まされたあとではまず不可能だ。それにほとんどのギャンブラーは、こうしたテクニックを実際に使おうとすらしていない。

カルダーノも数学を活用してギャンブルに勝とうとしたが、しばしば胴元と衝突した。カードゲームやチェスにいれあげた結果、資金はたえず底をついた。あるときには後先を忘れ、対戦相手の顔に切りつけるという事件まで起こした。この種の行動は、よくカジノから客に渡されるパンフレットに書かれている徴候の一例にまちがいない。そう、こんなタイトルのパンフレットだ——「ギャンブル中毒の徴候の見きわめかた」「わたしは絶対勝てるという思いこみ」「時間感覚の完全な喪失」。

「確率の父」が考えた賭け金の分配法

　確率はいきなりわいて出てきたものではない。それは本質的に、この世界はわからないことばかりだという事実に対しての、常識的な感覚にもとづく反論なのだ。わたしたちは何かを決めたり、問題を解決したりするために、たえず確率を考える必要に迫られる——長方形を使うことはあまりないだろうけれど。

　数学的理論としての「確率の父」と一般に呼ばれるふたりの人物も、実のところ、自分たちにつきつけられた問題を常識的感覚にもとづいて論証していたにすぎない。1650年代、ロアン公がパリに所有していたサロンには、当代一流の知性が集い、頭のかつらを整えさせながら重要な問題を論じ合っていた。この場所で、上流貴族のアントワーヌ・ゴンボー（1607 - 1684）、すなわちシュヴァリエ・ド・メレが、ブレイズ・パスカルという若い数学者と知り合った。

　1623年にクレルモン＝フェランで生まれたパスカルは、子どものころから数学にひとかたならぬ関心を示し、息子の過労を心配する父親からこの教科を禁じられたこともあるほどだった。大事な遊び時間をこの新しい学問に費やした彼は、ほんの数週間で、さまざまな図形の多くの性質——たとえば、どんな三角形も角をすべて足せば180度になるという事実——を発見した。14歳になるころには、彼はフランスの知的エリートとして迎え入

れられ、当時の難問中の難問を扱った論文をつぎつぎものしていた。

　熱烈なギャンブル愛好家だったメレは、愛してやまないダイスにまつわる質問をパスカルにぶつけた。やはり当時の一流の数学者だったピエール・フェルマー（1601－1665）との手紙でのやりとりで、パスカルはそうした問題に言及している。ふたりの数学者が最も興味をひかれた問題は、こういうものだった。まったく同じ技量をもつ2人のプレーヤーがゲームをして、最後の決着がつく前に切り上げたくなった場合、賭け金をどのように分配すればいいのか。パスカルは、その時点でのゲームの状況を検討することで、賭け金を公平に分けられるだろうと考えた。そしてフェルマーと手紙をやりとりしながら、この問題について論じ合った。ふたりはそれぞれ別の解きかたを考え出したが、正しい答えに関しては意見が一致した。

　フェルマーは、2人のプレーヤーがつぎのようなゲームを行うという状況を設定した。それぞれが賭け金として、32枚のピストール金貨を場に出す。1つのラウンドで勝てば1点が入り、先に3点とったほうが勝者となる。

　彼はまず、こう考える。プレーヤーAとBがゲームを切り上げようと決めた時点で、プレーヤーAの得点が2点、プレーヤーBが1点の場合、どうすればいいのか。

　もしプレーヤーAがつぎのラウンドに勝てば、彼は64枚のピストールを手にする。もしつぎのラウンドに

負ければ、プレーヤー A と B は同点となり、金を半分ずつ分け合うことになる。

つまり、つぎのラウンドがどうなったとしても、プレーヤー A はまちがいなく 32 枚のピストールを持って帰れるわけだ。したがって彼には、いますぐ財布にそれだけのお金を入れる資格がある。

残りの 32 ピストールについては、プレーヤー A がこれを手にする確率は 1/2 だ（どちらのプレーヤーも技量は同じなので）。したがって、ここでゲームを終えるのなら、彼はそのうちの半分をもらう資格がある。合計すると、プレーヤー A は 48 ピストールを、プレーヤー B は 16 ピストールを受け取るべきである。

するとパスカルは、プレーヤー A の得点が 2 点で、プレーヤー B が 0 点の場合、賭け金をどう分けるべきかを考えて、このように論じた。

もしプレーヤー A がつぎのラウンドに負ければ、この両者の状況は、さっき扱ったばかりの状況——つまりプレーヤー A の得点が 2 点、プレーヤー B が 1 点——と同じになる。この場合、すでに理由は説明したとおり、プレーヤー A が 48 ピストールをとり、プレーヤー B が 16 ピストールをとればいい。

もしプレーヤー A がつぎのラウンドで勝てば、彼はこのゲームそのものに勝ち、64 ピストールを自分のものにできる。

だからさっきと同じ論法を用いて、プレーヤー A はこう言うことができる。最悪のシナリオでは、自分は

48枚のピストールをとることになる——だから、それだけの額はまちがいなく自分のものだ。残りの 16 ピストールに関しては、勝つ見込みと負ける見込みが半々なので、そのうちの 8 ピストールをとる資格がある。

したがって、ゲームが 2-0 で終われば、プレーヤー A はほくほく顔で 56 ピストールをポケットにおさめられる。プレーヤー B は残る 8 枚を手に、悲しみに暮れながら帰ることになる。

パズル 70 そのあとパスカルは、プレーヤー A の得点が 1 点で、プレーヤー B が 0 点という状況を考えました。あなたもやってみてください——もし 1650 年代のパリに生まれていれば、自分も数学の天才だったかもしれないと言えるチャンスですよ（ああ、ささいな運命の気まぐれでわたしたちの行く末は決まってしまう……）。先に 3 点とったほうが勝者で、どちらも 32 ピストールの賭け金を出すということをお忘れなく。

ギャンブルから少し離れるために、確率にまつわる問題に役立ちそうな 2 つの道具に目を移してみよう。その 1 つは、これから記すような一覧表だ。これはある状況で起こりうる場合をすべて網羅できるようにするための、シンプルな方法である。ダランベールが誤りを犯した問題——コインを 2 回投げたときに少なくとも 1 回は表が出る見込み——にもどってみると、つぎの表を用いれば、起こりうるすべての場合を書き出すことができる。

	2投目	
	表	裏
1投目 表	表表	表裏
1投目 裏	裏表	裏裏

　こうした表を利用すれば、コインを2度投げたときに起こりうる結果をひとつも見落とさずにすむようになる。全体で場合の数が4つあり、表が少なくとも1回出るのはそのうちの3つだ。したがって、コインを2度投げたときに表が少なくとも1回出る確率は3/4となる。

　ある事象のあとに別の事象が続くとして、その2つの事象の起こりうる組み合わせをすべて知りたいといった問題でも、これと同じような表が利用できる。たとえば、あなたが妹とゲームのモノポリーで対戦するとしよう（わたしの故郷はイギリスなので、そのへんの偏りはお許しいただきたい）。あなたはピカデリーのマスに止まったところで、すでにコヴェントリー・ストリートを所有し、レスター・スクエアもかんたんに手に入れられる状況にある。実はピカデリーも買いたくてしかたないのだが、そのための資金は乏しく、しかも妹はメイフェアとパーク・レーンに家を3軒ずつ建てている。あなたがピカデリーを買うと、そのあと8か10の目が出て妹の地所に止まった場合、手持ちの現金が足りなくなってしまう。それでも妹にはどうしても勝ちたい。

2個目のサイコロ

	1	2	3	4	5	6
1	11	12	13	14	15	16
2	21	22	23	24	25	26
3	31	32	33	34	35	36
4	41	42	43	44	45	46
5	51	52	53	54	55	56
6	61	62	63	64	65	66

1個目のサイコロ

　この状況では、2個のサイコロの目を組み合わせて点数をつけるので、さっきと同じような表を用いることで、パーク・レーンかメイフェアに止まる確率を求められる。

　この表から、2個のサイコロを投げたときには、36通りの結果が起こりうることがわかる。だが、そのうちのいくつかは同じ点数になる（3のあとで4を出すのと、4のあとで3を出すのとは区別される）。36通りのうち、点数が8になるのは5通り、点数が10になるのは3通り。つまりパーク・レーンからメイフェアに止まり、おもちゃの札束を手放さざるをえなくなる確率は8/36となる。つまりあなたがにんまり笑う妹を見て頭をかきむしるはめになるとしたら、相当運が悪いということだ。ピカデリーを買う価値はあるかもしれない。

パズル 71　あるハンターが狩猟のために家を出て、南へ向かいました。やがて、東へ向かって進んでいる熊が見つかります。ハンターは何キロかそのあとを追いかけ、しとめられるだけの距離まで近づきました。そ

してそこから北に向かうと家に着きました。熊の毛の色は何色だったでしょう？

パズル 72　あなたは、101人の殺人者と101人の平和主義者がいる町に入ります。平和主義者が平和主義者と出会った場合は、何も起こりません。平和主義者が殺人者に出会えば、平和主義者は殺されます。殺人者2人が出会えば、どちらも死にます。この街では、だれかがだれかに出会うときはかならず2人だけで会うことになっており、その2人の組み合わせは完全に無作為で、あなたはなんの心配もしていないかのようにこの町を歩きまわらなければなりません。あなたが生きのびる確率はいくつでしょう？

5 降水確率の正しい使い方

　一般に数学者は、数学がふつうの人たちにとっていかに難しいものであるかということを過小評価しがちだ。そのために、パスカルに協力して確率の科学をつくりだそうとしたフェルマーは、多くの人たちの時間をむだに費やさせることになった。彼には自分の論証の過程をいろいろな本の余白に汚い字で書くくせがあり、それはひどく読みづらい代物だった。さらに困ったことに、彼は議論の大部分をはぶいてしまい、ある結果からつぎの結果が容易に導かれるとしか言わない傾向があった。自分

の考えをまともな形で書き残そうとしない彼の姿勢が、いわゆる「フェルマーの最終定理」につながっていく。古代ギリシアの数学者ディオファントスの本に、フェルマーはこんな書きこみをした。わたしは、方程式 $x^n + y^n = z^n$ において、n が 2 より大きいとき、この方程式が整数（自然数）の解をもたないことを示す証拠を発見した。しかしそれを書く余地がここにはない、と。その証拠を見つける努力は、なんと 1995 年まで続けられた——フェルマーに 1 枚の紙きれを見つける気がなかったというだけの理由で、みんな 350 年間も苦労させられたのだ。実際に友人たちも、こうした議論の穴をそのままほうっておくのは彼のじつに困ったくせだと、不機嫌に指摘している。フェルマー自身、たしかにそのとおりだ、わたしも自分の出した結論をどう証明したのか思い出すのに四苦八苦することがある、と認めていた。

　だから、数学者が両手をあげて、自分がこれから言うことはいささか難しいだろうと進んで認めるのは、なかなか愉快なことだ。ラプラスはその点で正直な人物だった。「確率の理論において、とりわけ重要で、また誤解されやすい点のひとつは、確率が相互の組み合わせによって大きくなったり小さくなったりすることである」（『確率の解析的理論』）。ここで言われているのは、一連の事象が続いて起こる確率を算出することの難しさだ。たとえば、あなたがサイコロで 6 の目を出したあと、コインを投げて表を出し、さらにトランプ 1 組から赤のジャックを選ぶ確率はいくつなのか？

こうした問題は長年の論争の種になってきたし、いまもあらゆる混乱を引き起こしている。たとえばつい最近、テレビの気象予報士が週末の天気予報を伝えているのを見た。彼は自信たっぷりに、土曜日の雨の確率は50％、日曜日の雨の確率は50％なので、週末には確実に多少の雨が降るでしょうと言っていた。要するに、2つの確率を合わせると100％の確率になるというのだ。

　だがこれはおかしい。まず第一に、なんであれ確実ということはありえない。第二に、彼が3日先までの予報をしていて、月曜日の雨の確率も50％だったとしよう。彼の理屈によれば、その3日間に雨が降る確率は150％だということになる。しかしこれは意味をなさない。150％の確率とはどんなものなのか？　100％を超えるほど確実、ということがありうるのか？

パズル 73　ルワンダの首都キガリから、ルヘンゲリまでマウンテンゴリラを見にいくには、バスに乗って2時間かかります。このルートを運行しているヴィルンガのバスは、豪華な長距離バス2台と、おんぼろのマイクロバス2台です。バスは1時間に1回、キガリとルヘンゲリをそれぞれ出発し、目的地に着くとすぐに折り返してもとの出発地へ向かいます。朝一番のバスが出るのは午前7時、最終のバスは午後6時です。2台の豪華な長距離バスは、どちらも7時に出発します（1台はキガリから、もう1台はルヘンゲリから）。もしあなたが無作為にどれかのバスに乗るとしたら、豪華なバスに乗れる確率はいくつでしょう？

覚えておいてほしい。確率を組み合わせるときは、足すのではなく、掛けるのだ。しかしなぜそうなるのかを理解するのは、決してやさしいことではない。話を天気予報にもどそう。これを論理的に扱うには、樹形図を描いてみるのがいい。ここで樹形図を用いるのは、週末の天気がどうなるかという起こりうる4つの場合をすべて列挙するだけでなく、この問題に関わる確率をすべて記すためでもある。

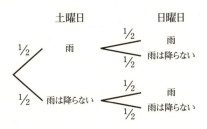

ところで、土曜日に雨が降る確率は50%（つまり1/2）だと気象予報士が言っているときには、かりに天候の特性がまったく同じ土曜日が100日あるとすると、そのうち雨が降るのは50日、雨が降らないのは50日だという意味である（これは大ざっぱな数字にすぎない——いくら信用ある気象予報士でも、気象学が精密な科学でないということは認めざるをえないだろう）。ためしに、永遠にくりかえす時間のなかに閉じこめられ、1週間ごとにまったく同じ天気のパターンが続く状況を考えてみよう。そんな1週間が100回過ぎるあいだには、

雨の土曜日が50回、雨の降らない土曜日が50回あっただろうと考えられる。

　雨の降った土曜日の翌日には、かならず日曜日がくる。そこで、50日の雨の土曜日のあとの、50日の雨の日曜日に注目してみよう。土曜日の天気が日曜日の天気に何も影響しないとすれば（これはおそらく正しくないだろうが、そういうことにしておいてほしい）、その50日ある日曜日のそれぞれにつき、50%の確率で雨が降る、と気象予報士は言っている。つまり、そうした50日の日曜日のうち、半分（つまり25日）は雨が降り、半分（25日）は雨が降らないと考えられる。したがって、土曜日にも日曜日にも雨が降る週末は25回あり、土曜日に雨が降って日曜日に雨が降らない週末も25回ある。

　土曜日に雨の降らない50回の週末についても、同じことがいえる。そうした土曜日のあとにもかならず日曜日がやってきて、その50日ある日曜日のそれぞれにつき、雨の降る確率は50%だ。したがって、雨の降らない土曜日のあとにくる50回の日曜日のうち、半分（つまり25日）は雨が降り、残り半分（25日）は雨が降らないと考えられる。とすれば、土曜日に雨が降って日曜日には雨の降らない週末は25回で、土曜日も日曜日も雨の降らない週末はやはり25回である。

　まとめれば、わたしたちがつねに同じサッカーの結果を聞き、同じテレビの番組を眺め、同じ冗談を言って過ごす100回の週末のうち、土曜日も日曜日も雨の降る週末は25日、土曜日は雨で日曜日は雨が降らないのは25

回、土曜日は雨が降らなくて日曜日は雨なのが25回、土曜日も日曜日も雨が降らないのが25回となる。言いかえるなら、こうした可能性はそれぞれ100回のうち25回起こる、つまりそれぞれの確率は1/4だというこだ。そこで、さっきと同じ樹形図にこの新しい情報をつけくわえよう。

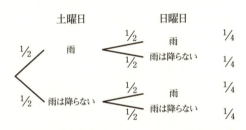

まず最初に、2つの事象が続いて起こる確率を求めるには、その2つの事象が単独で起こる確率を掛け合わせればよい。たとえば、土曜日にも日曜日にも雨が降る確率は1/4だ。これは、土曜日に雨が降る確率（1/2）と日曜日に雨が降る確率（1/2）を掛け合わせた結果である。1/2×1/2＝1/4。

こうした説明の根拠は、先ほどの話のなかにある。すでに理由を見てきたとおり、100回の週末で、土曜日に雨が降る確率が1/2、日曜日に雨が降る確率が1/2だとすれば、土日とも雨が降るのは1/2×（1/2×100）回、つまり25回あると考えられる。5000回の週末なら、土日とも雨が降るのは1/2×（1/2×5000）回、つまり1250

回あると期待できる。どちらの場合も、確率は掛け合わせることで得られる。したがって、土日とも雨が降る確率は、1/2×1/2だと言うことができる。

　第二に、例の気象予報士がまちがっているのはあきらかだ。週末のどちらの日も雨が降らない可能性は、1/4ある。つまり彼は、週末の少なくともどちらかの日に雨が降る確率は75%だと伝えるべきだった。週末の天気で起こりうる場合の数である4のうち、3つでそれが当てはまるし、その3通りが実現する確率はそれぞれ25%だからだ。

　それでもこの気象予報士には、おたがいに慰め合える仲間がいる。多くの数学者たちも彼と同じ誤りを犯してきたのだ。たとえばミスター・カルダーノは、サイコロを何回投げたあとなら6の目が少なくとも1回出る確率が1/2になるかを考えたけれど、答えを出すことはできなかった。いや、答えは出したのだが、それがまちがっていた。1回投げたときに6が少なくとも1回出る確率は1/6だから、2回投げたときに6が少なくとも1回出る確率は2/6、3回投げたときに6が少なくとも1回出る確率は3/6だと考えてしまったのだ。

　カルダーノは例の気象予報士とまったく同じ誤りを犯している。彼の理論の立てかたからは、正しい答えは出しようがない。サイコロを6回投げたあとなら、6の目が少なくとも1回出る確率は6/6になる、と言っているのだから。別の表現をするなら、サイコロを6回投げれば、少なくとも1回は確実に6が出せると言っているの

と同じだ。しかし実体験から考えても、これは正しくない。サイコロを6回投げても、6が1回も出ないということはたしかに起こりうる。

6 「袋に赤い玉3個と青い玉5個が…」

さて、樹形図や一覧表、連続する事象の確率がもはや謎ではなくなった今なら、どの教科書にも載っていたあの種の問題——袋のなかのキャンディやらビー玉やらサイコロやらにもどっていけるのではないか。

ある会社で3人の求人があり、数回にわたって面接が行われ、候補者が4人にしぼられた。内訳は女性3人と男性1人。だが最後の3人を選ぶ決め手が見つからなかったため、この4人の名前の書かれた紙を帽子に入れて、そこから3人を選び、そのとおりに採用することに決まった。その選ばれた3人のなかに男性がふくまれる確率はいくつだろうか？

どんな確率の問題でも、かならず最初にやるべきなのは、そのときどきで最も適切なテクニックを使い、ある状況で起こりうる場合の数を数えあげていくことだ。この問題で最もかんたんなのは、帽子から取り出される3つの名前を列挙していく方法である。それぞれの候補者を女A、女B、女C、男で表すとすれば、最終的に雇われる人の可能な組み合わせは4つしかない。女A、女B、

女C、もしくは女A、女B、男、もしくは女A、女C、男、もしくは女B、女C、男だ（帽子からどういった順番で名前が選ばれるかは問題にしない）。この4つの組み合わせは同様に確からしく、また男性が選ばれる組み合わせは3通りなので、男性が選ばれる確率は3/4となる。

もちろん、この問題に樹形図を使うことも可能だ。まず始めはこうなる。

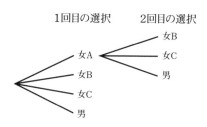

しかしこの問題だと、樹形図を使った場合、ただ単純に列挙していくよりずっと複雑になることがわかるだろう。いずれは最後までたどりつけるはずだが、それまでにたくさんの枝を書かなければならない。

ここでサイコロにまつわる問題にもどろう。あるボードゲームでは、2個のサイコロを投げて、2つの目の差を計算する。その差が0になる確率はいくつか？　差が0もしくは2になる確率はいくつか？　差が偶数または平方数（0をのぞく）になる確率はいくつか？

さっきと同じで、まず最初にやるべきなのは、この状

況で起こりうるさまざまな場合の数を知ることだ。前のように、ただひとつずつ列挙していくこともできるが、かなり数が多いので、何か見落としてしまう恐れがある。樹形図を使ってもいいが、やはりとんでもない数の枝ができてしまうだろう。この問題に最も適切な道具は、つぎのような一覧表だ。

2個目のサイコロ

	1	2	3	4	5	6
1	0	1	2	3	4	5
2	1	0	1	2	3	4
3	2	1	0	1	2	3
4	3	2	1	0	1	2
5	4	3	2	1	0	1
6	5	4	3	2	1	0

1個目のサイコロ

　この表を使えば、起こりうるどんな場合も見落とすことなく、2個のサイコロの目の数の差を記録することができる。起こりうる場合の数は36であることがわかるが、2つの数の組み合わせのなかにはその差が同じになるものも多い（たとえば、1個目のサイコロが4で2個目のサイコロが3のときと、1個目のサイコロが5で2個目のサイコロが6のときでは、その差は同じになる）。
　この図で表される組み合わせはどれも同様に確からしいので、これでめざす確率が計算できる。2個のサイコロの出した数の差がゼロになる組み合わせは6通りだから、この事象の確率は6/36。
　2個のサイコロの目の数の差が2になる組み合わせは

8通りある(つまり、差が2になる確率は8/36)。したがって、2個のサイコロの目の数の差が0または2になる組み合わせは、6+8(つまり14)通りあり、この事象の確率は14/36だ。このとき、差が0または2になる確率は、差が2になる確率と差が0になる確率を足したものに等しい(14/36=6/36+8/36)。なぜそうなるかというと、この両方の条件が同時に満たされることは不可能だからだ。差が2であり、また0でもあるという2個のサイコロの組み合わせは存在しない。こうしたとき、この二者は相互に排他的であるといわれる。

3つめの問題の答えを出すときは、少し注意が必要だ。差が偶数になる確率とはつまり、差が2または4になる確率と同じであり、12/36と計算できる。差が平方数になる確率とはつまり、差が1または4になる確率と同じで、これは計算すると14/36になる。しかし、この2つの確率をただ足しただけでは、差が偶数または平方数になる確率は求められない。4は偶数であると同時に、平方数でもあるからだ。単純に2つの確率を足してしまうと、差が4になるサイコロの目の組み合わせを二重に数えることになる。こうした状況では、この二者は相互に排他的ではない。差が偶数であり同時に平方数であるようなサイコロの目の組み合わせを見つけることは可能だ。実際に先の表を見れば、差が偶数または平方数になる場合の数が22あるとわかる。つまりそうした差になる確率は、22/36である。

パズル 74

6人の男性と12人の女性が、美容院の前に列をつくっています。男性の半分は白髪頭で、女性の半分も白髪頭です。無作為に選ばれたひとりの人物が、男性である、または白髪頭である、またはその両方である確率はいくつでしょう?

そこで、袋入りの玉にもどろう。赤い玉が3個に青い玉が5個、袋に入っている。無作為に1個選び、その色を書きとめて、また袋にもどす。それからまた1個を無作為に選び、その色を書きとめて、袋にもどす。あなたが選んだ2個の玉が青と赤(どちらの順番でも可)になる確率はいくつか?

例によって最初にやる作業は、2個の玉の起こりうる組み合わせを知ることだ。あなたの前にはさまざまな選択肢が開かれている。赤い玉をそれぞれ R_1、R_2、R_3、青い玉を B_1、B_2、B_3、B_4、B_5 と名づけ、これらの玉のうち2個の可能な組み合わせをすべて列挙するか、一覧表もしくは樹形図を描くこともできる(さっきの問題のように)。しかし、玉の色にしか関心がないのなら、こういったやりかたはよけいな情報を大量に生み出してしまう。何個もある玉のうちどの玉が選ばれるのかを正確に知る必要はなく、どの色であるかがわかればいいのだ。

結果として、この作業は単純化が可能である。いくつかある方法のうちひとつは、まだ使うことができる。可能な色の組み合わせ(赤赤、赤青、青赤、青青)を列挙するか、つぎのような表に表せばいい。

	2個目の玉	
1個目の玉	赤	青
赤	赤赤	赤青
青	青赤	青青

あるいは樹形図で表すなら、

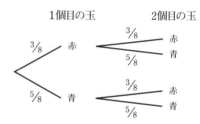

 どちらでも好きな方法を選べる。だが、ひとつ重要なことがあるので覚えておいてほしい。袋に入っている赤い玉と青い玉の数は同じではないので、それぞれの可能な組み合わせは同様に確からしくはない。この問題はさっきのよりも複雑だ。実際のところ、袋から無作為に赤い玉を選ぶ確率は、3/8 である。この情報は、上の樹形図でも表されている。

 それさえわかれば、この問題を解くことができる。ある事象に別の事象が続く確率を求めるときは、それぞれの確率を掛け合わせなければならない。したがって、赤い玉を 2 個続けて取り出す確率は、3/8×3/8、つまり 9/64 になる。青い玉 1 個と赤い玉 1 個をどちらかの順

序で選ぶ確率は、赤のあとに青を選ぶ確率と、青のあとに赤を選ぶ確率の合計で、(3/8×5/8)＋(5/8×3/8)、つまり30/64になる。

　この問題がさらに複雑になるのは、1回目に選んだ玉の色を確かめたあとで、その玉を袋にもどさない場合だ。さっきの問題では、1回目の事象（1個目の玉を選ぶ）は2回目の事象（2個目の玉を選ぶ）になんの影響もおよぼさない。だが、1個目の玉をもどさないとしたら、1個目の玉の選択はたしかに2個目の玉の選択に影響をおよぼす。1回目の選択で赤い玉を取り出した場合、袋に残っているのは赤が2個、青が5個となる。だとすれば、2度目の選択で赤を取り出す確率は2/7、2回目の選択で青を取り出す確率は5/7だ。いっぽう、1回目の選択で青い玉を取り出した場合、2回目の選択で赤を取り出す確率は3/7で、青を取り出す確率は4/7。1回目の選択で取り出した玉の色は、2回目の選択の確率に影響をおよぼす。こうした状況では、この2つの事象は「条件付き」と呼ばれる。

　だが、いろいろな状況にどんな名前をつけようと、この問題も同じように解くことができる。1個目の玉をもどさない場合、樹形図はこのようになる。

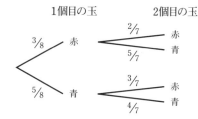

このとき赤い玉を2個続けて選ぶ確率は、3/8×2/7（つまり 6/56）、赤1個、青1個をどちらかの順番で選ぶ確率は（3/8×5/7）＋（5/8×3/7）、つまり 30/56 となる。

パズル 75　袋に10個の豆が入っています。豆のうち7個は黒で、残りは赤です。そこから1個の豆を取り出し、色を確かめます。その豆は袋にもどしません。さらに2個目の豆を取り出し、色を確かめます。この2個の豆が同じ色である確率を求めなさい。

7 確率をゲームで使ってみよう

ここまでくると、確率が現実に、あらゆる形で役に立つことがわかりはじめたのではないだろうか。とりわけ、ゲームに強い人たちと対等に張り合おうとするとき、確率は有効な武器となる。そう、どんな種類のゲームでも負け知らずという腹の立つ連中がいるだろう。モノポリ

ーをやれば、法外な利息をとって金を貸すいっぽうで、メイフェアに巨大なレジャー施設を建てる。スクラブル〔単語をつくって点数を競う、クロスワードパズルに似たゲーム〕をやれば、何やら東洋の宗教がらみのあやしげな二文字の単語を持ち出して、得点が3倍になるマス目に「Q」の文字を置いたりする。

ペルードというサイコロを使うゲームがある。ルールは、全員がはじめにサイコロを6個もつ。そしてそのサイコロをカップのなかで転がし、周囲から隠しておく。自分のサイコロの目だけは見てもかまわない。これはビッド（競り）をするゲームで、だれかがまず最初に、たとえば「2が3つ」とコールをする。これはつまり、プレーヤー全員のサイコロを合わせたなかに2の目が少なくとも3つある、とその人が思っているという意味だ（さらに「1」にまつわる面倒なルールもあるのだが、それについてはすぐあとで触れる）。そのつぎの人は、2より大きな数が3つある、たとえば「3が3つ」や「5が3つ」、あるいは自分の好きな数が4つ（あるいはそれ以上）ある（たとえば「2が4つ」「4が4つ」「3が5つ」「5が10」など）とコールする。こうしてビッドがつぎつぎ続けられるが、ある段階まできたとき、だれかが、いまのビッドはまちがっていると考える。たとえば、プレーヤー全員のサイコロのなかに「5が11ある」というのはまちがいだと。この時点で彼はコールし、サイコロをすべて見せるよう要求する。もし実際に5が11以上あれば、彼はサイコロを1個失う。もし5が11な

ければ、ビッドした人がサイコロを1個失う（いずれの場合も、失ったサイコロは、もう振られることはない）。そして最後まで自分のサイコロを残そうとするのが、このゲームの目的なのだ。

　ゲームとなるといつも勝つというタイプの人たちは、ペルードが大好きである。このゲームにはどうビッドするべきかという確かな戦略が存在するからだ。特に、たくさんの数のサイコロが残っているゲームの序盤には、それが当てはまる。あなたがビッドをしたとき、まわりの人たちが驚いて眉を吊りあげたり、わけ知り顔にふくみ笑いをしたり、そっと舌打ちのような音をたてるかもしれない。それはあなたのビッドが戦略にのっとったものでないからだ。もちろんあなたは、そういった連中に仲間入りするのを嫌って、気分のおもむくままにビッドしつづけることもできる。だが、いつまでもそんな侮りを受ける側にいたくなければ、ペルードが確率に従ったゲームであることを知っておくべきだろう。

　ゲームの開始時に、6人のプレーヤーがいるとしよう。そのひとりひとりが6個のサイコロをもっている。その時点でのサイコロは合計で36個。あなたが最初にビッドする番が回ってくる。ここで気のきいたビッドを考え出したい。あなたのラッキーナンバーは5。しかし問題は、5がいくつあるとビッドすればいいかだ。確率に従えば、サイコロ6個のうちおよそ1個は5が出るだろう。つまりサイコロ36個のうち5はおよそ6つあると期待できる。したがって、最初のビッドとして適切なのは、

「5が6つ」だ。これならつぎの人がチャレンジしてくることはまずないだろうし、つぎにあなたまでビッドする番が回ってくることもないだろう。ビッドをするときはかならず前の人よりも大きな数を言わなければならないからだ。実際のところ、あなたがどの数をビッドしようと決めたとしても、これと同じ議論が当てはまる。どれかの数が6つ、というのが、最初のビッドとしては適当だ。

さて、ゲームも後半にさしかかってくる。すでに8個のサイコロが消えた（つまり残りは28個しかない）。ちょうどあなたの前の番の人が、「3が6つ」とビッドしたところだ。あなたはコールするべきか、それともつぎのビッドをするべきか？ さっきと同様、確率に従えば、サイコロ6個につきおよそ1個が3となる。だからサイコロ28個のうち、3だと期待できるのは4つか5つだろう（28÷6＝4.666…だから）。これは判断に迷うところだ。厳密に確率に従うなら、あなたは前の人に対してコールするべきだろう。しかし判断の前に、あなた自身のサイコロの目がどうであるか、またあなたの前の人がどういったタイプのプレーヤーであるかも考慮に入れたいと思うかもしれない。確率はあなたのやるべきことを決めるわけではない。ただ、先々のことで役に立つというだけだ。

ペルードにはさらに、考慮に入れるべきルールがある。1はいわゆるワイルドカードで、ビッドされた数がなんであろうと、その数のなかに加算されるのだ。つまり、

だれかが「5が10」とビッドする場合、それは実際には、プレーヤー全員のサイコロを合わせたなかに5と1が少なくとも10ある、と言っているのに等しい。もしつぎのプレーヤーが「2が11」と言ったとすれば、それは2と1が少なくとも11あると考えているということだ。

これにも確率で対処できる。状況は同じだ。6個のサイコロをもった6人のプレーヤーがいて、あなたに最初のビッドの番が回ってくる。あなたのラッキーナンバーは5。サイコロ6個ごとに5はおよそ1つ出るだろうし、1もおよそ1つ出ると考えられる。つまり、「5」とされるサイコロが12あると期待できるわけだ。だからあなたの最初のビッドは「5が12」となる。

さらにゲームは進み、すでに14個のサイコロが消えた（残りは22個）。そこで眉を吊りあげるくせのあるプレーヤーが、つぎの番であるあなたを見て、顔色ひとつ変えずに「6が10」と言う。あなたも無頓着に視線を返す。さっきとまったく同じで、サイコロ6個のうち6は1個、サイコロ6個のうち1は1個、と期待できる。したがって、全部のサイコロのなかにふくまれる6はおよそ3つか4つ、1も3つか4つだろう。つまり、あなたの前の人のビッドは、いささか大胆なように思われる。あなた自身のサイコロのなかに6と1がまったくなかったとすれば、なおのことだ。そして当のプレーヤーも、あなたにそのことを見透かされているのを感じとる。彼は突然、もはや無表情でいられなくなる──目に浮かぶ不安の色が隠せない。あなたは彼に向かってコールし、

全員がサイコロを見せる。「6」は全部で7つしかない。あなたが満足げに眺めるいっぽう、負けたプレーヤーは腹立ちまぎれにサイコロを部屋の向こうへ投げつけ、「こんなゲームをやたら真剣にやる連中がいるから困る」などとつぶやきながら、足取りも荒く外に出ていく。

そういうことなのだ。それが彼の表情の裏に、眉を吊りあげ舌打ちするといった行動の背後にある戦略である。いまあなたはそれを利用して、彼をすっかり黙らせることができる。ゲームが進むにつれて、全体でいくつのサイコロが残っているかをつねに頭に入れ、確率を利用しながら、ある時点でそれぞれの数がいくつ出るかを論理的に予想するだけでいいのだ。

しかし、確率がつねにあなたを守ってくれるとは限らないことも、肝に銘じておいてほしい。ときには考えられないようなことが起こって、多くの（あるいはわずかな）サイコロがある特定の目を出したりする──特に残ったサイコロの合計の数が少なくなったときには。それでもこの戦略を守りつづければ、サイコロを失わずにすむ見込みは高くなる。そして今度はあなたが、確率の法則を考えていない不運なプレーヤーに向かって眉を吊りあげてみせられるだろう。いや、あなたなら、威厳ある沈黙を保つことを選ぶだろうか……

パズル 76 a　ペルードのゲームで、あなたに最初のビッドの番が回ってきました。これまでほかのプレーヤーが失ったサイコロの数を数えてきて、いまテーブルに

は24個のサイコロが残っています。あなたはどんなビッドをすればいいでしょうか?

b あなたの前のプレーヤーが、唇の端に一瞬にやりと笑みを浮かべました。そして「3が6つ」とビッドします。テーブルに残っているサイコロは、あなたのものもふくめて20個です。あなたのサイコロは5個で、3が2つあり、1はありません。このときあなたはどうしますか?

c あなたの前のプレーヤーが、またコールしました。今度は「5が7つ」です。残っているサイコロは19個。そのうち4個があなたのもので、5が1つあり、1はありません。このときあなたはどうしますか?

カジノで負けを少なくする方法

わたしはべつにギャンブル狂ではないが、もしラスヴェガスに行ったとしたら、ほかにやることもあまりない。もちろん、ギャンブルの流儀にもいろいろある。ブラックジャックのテーブルでチップを1枚ずつ賭けて、なんとかやりくりしつづけることもできる。本気で長居をしたいなら、自分の戦略をじっくり練っているふうを装って——カジノ側からカードカウンティングをしていると誤解されないよう注意しつつ——ときどきパスするのが最良の策だろう。この方法の有利な点は、ほんの5分後に手ぶらで退散するというはめにならずにすむことだ。

せっかくラスヴェガスまで来たのだから（ここでギャンブルをする人は、だれでも無料で飲み物がもらえる）、負け分をまずいカクテルで埋め合わせなければ損というものだ。

ただしこの方法の不利な点は、あまりカジノのプレーヤーらしく見えないということである。1枚100ドルのピカピカ光る多色のチップを買い、ルーレット盤の1回転に全額張るほうがはるかに見栄えがいい。湧き出すアドレナリンの快感に身震いが走るだろう。また確率という点から見ても、それはルーレットをやるうえで最も理にかなった方法なのだ。最初の1回転に大きく賭け、結果がどう出ようと、その場を立ち去る。わたしの場合は、200ドルを手に破顔一笑してテーブルを離れ、すぐに自分と仲間たちにシャンパンのボトルをふるまってから、特別上等なクラブへくりこんだものだ。

このルーレットの賭けかたは、最も肝がすわったように見られるというだけでなく、実のところ最も賢明でもある。その理由を知るには、確率と、そして金を賭けるゲームでいくら勝つことが期待できるか計算するために確率をどのように使うかに注目する必要がある。2個のサイコロを使うゲームを想像してみよう。サイコロを同時に振り、もしゾロ目（同じ目）が出れば2ポンドもらえるが、6のゾロ目の場合は特別に5ポンドもらえる。それ以外の組み合わせなら、1ポンドとられる。このゲームをやる価値はあるだろうか？

サイコロを振ったときに起こりうる3通りの結果の、

それぞれの確率を求めるには、つぎのような表を描くといい。

2個目のサイコロ

	1	2	3	4	5	6
1	11	12	13	14	15	16
2	21	22	23	24	25	26
3	31	32	33	34	35	36
4	41	42	43	44	45	46
5	51	52	53	54	55	56
6	61	62	63	64	65	66

1個目のサイコロ

　この表から、2個のサイコロを振ったときに起こりうる組み合わせは36通りあることがわかる。つまり、今やっているゲームに関していえば、6のゾロ目が出て5ポンドもらえる確率は1/36でしかない。6以外のゾロ目で2ポンドもらえる確率は5/36。ゾロ目を出せずに1ポンドとられる確率は30/36だ。この情報はつぎの樹形図で表される。

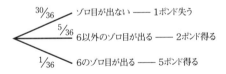

　ここから、このゲームでいくらの勝ち負けが期待できるかを求めることが可能になる。確率によれば、このゲームを36回やった場合、1ポンドとられるのが30回、2ポンドもらえるのが5回、5ポンドもらえるのが1回、

ということだ。まとめると、36回ゲームをやったあとでは、これだけの額が期待できる。

$$(5 \times 2) + (1 \times 5) - (30 \times 1) = -15 \text{ポンド}$$

つまりこのゲームを36回やった場合には、15ポンド負けると考えなければならない。平均すると、1回ゲームをするたびに15/36ポンド、およそ42ペンス負けると期待できる。こうした数字は、このゲームをやるときの期待値と呼ばれる。ただしこの場合は、負けるほうの期待値だが。

これがわかれば、ルーレットでは1回だけ大きく賭けるのが最良の策だという理由が理解できるようになる。アメリカとイギリスでは、ルーレット盤にちがいがある。いまからするのはアメリカの盤の話なのだが、ほかの形式のものでもこれと同じタイプの議論は当てはまる。アメリカのルーレット盤には、1から36までの36個の数に、0、00というのもある。36個の数のうち18個は赤で、18個は黒、そして2つのゼロは別の色だ。あなたはその盤に近づき、白い玉が黒に止まると予想して、明るい色のチップをその場所に置く。玉が盤の上を飛びまわり、小さな金属のピンに当たって跳ね返る。あなたの心拍数が危険なレベルにまで上昇する。その場にいるのはあなたと、白い玉、そして回転する数字だけ。あなたのチャンスはこうだ。

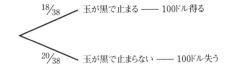

　これを 38 回続けたとすれば、あなたが勝つのは 18 回、負けるのは 20 回だと期待できる。まとめると、あなたが得るのは 18×100、つまり 1800 ドルで、失うのは 20×100、つまり 2000 ドルだ。言いかえるなら、長丁場でルーレットをやりつづければ、あなたは 2000 ドル負けることになる。平均すると、ルーレット 1 回ごとに、200/38、つまり 5.26 ドル捨てているということだ。

　しかし、だれもが知っているように、ギャンブルには中毒性がある。1 回負けると、頭のなかの悪魔がたちまち、もう少し続ければ負け分をとりもどせるぞとささやきはじめる。その声は無視して、とっとと退散しなくてはならない。つぎの表に示した戦略を用いて、2 回やったとしたら、起こりうる組み合わせはこうなる。

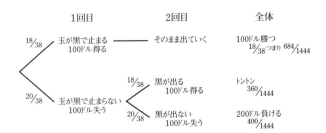

全体の確率は、樹形図のそれぞれの枝に沿って掛け算をしていくことで求められる。それが連続する事象の確率の出しかたであることは、すでに説明したとおりだ。たとえば、ルーレットの1回目で黒が出ずに、2回目で黒が出る確率を求めるには、黒が出ない確率（20/38）と黒が出る確率（18/38）を掛け合わせればいい。

ここまでくると、いささか話がややこしくなるが、あなたがカジノに1444夜続けて通うとしよう。そして毎晩、この表に示されている戦略に従って、ルーレットをやる。やがて1444夜が過ぎるまでに、100ドルを得るのは684回、200ドル失うのは400回になると期待できる。残りの回数では、完全にトントンになる。このギャンブル三昧の時期のあいだに（人生のなんと8年分——妻子のことを思えば、ほんとうにそんな価値があるだろうか？）、あなたは684×100ドル、つまり68400ドル手に入れ、400×200ドル、つまり80000ドルを失うと考えられる。言いかえれば、全体で11600ドル負けるということだ。1444夜でこの負けを平均すると、1夜で8.03ドルほどの負けになる。

この仕組みを出し抜こうとして、2回目に賭けるお金を増やしたり、幸運の女神にひそかに祈ったりしても、それで期待されるあなたの損失は、どうしても1回だけやった場合の損失より大きくなってしまう。長く続ければ続けるほど、カジノ側が有利になる確率が追いついてくるだろう。そもそもの初めから、割に合わないゲームなのだ。

パズル 77

60人の生徒のいるクラスで、フラワーアレンジメントが好きな生徒は48人、墓像の拓本をとるのが好きな生徒は52人、両方が好きな生徒は42人います。あるひとりの生徒が、この2つのうち少なくとも1つを好きである確率を求めなさい。

マーティンゲイル法（倍々法）というものがあり、これは特に試してみたいという誘惑にかられやすい。まず、ルーレットの最初の1回に10ポンドを賭ける。そのとき勝ったら、そこでおしまいにする。もし負けたら、2回目のときに賭け金を2倍に増やす（つまり20ポンド）。つまり、この2回目に勝てば、1回目の負け分の10ポンドをとりもどし、さらに10ポンド勝てるという考えかただ。2回目で勝てれば、そこでやめる。もし負ければ、3回目のときに賭け金をまた2倍に増やす（つまり40ポンド）。これもやはり、このときに勝てば、それまでの負け分（10ポンド+20ポンド=30ポンド）をとりもどしたうえに、10ポンド勝てるという考えかたにもとづいている。もし負ければ、賭け金をさらに2倍に増やす、というぐあいに、勝つまでずっとこの戦略に従って賭けつづけるのだ。そして勝った瞬間には、その時点までの負け分をすべてとりもどし、さらに10ポンド儲けることができる。そのあとは、最初からまた同じことを始めればいい。これはつまり、たとえば50回続けてルーレットをやった場合、1回も勝てないのはよほど運が悪いか、まずありえないだろうという発想からきているのだ。これなら、ぼろもうけができるかも……。

きわめて説得力ある議論のようだが、しかし致命的な欠陥もひそんでいる。まだ大して負けつづけているわけでない段階でも、それまでの損失をとりもどすのにたいへんな額の金が必要になるということだ。たとえば、もし10連敗した場合、その負け分をとりもどそうとすると、10240ポンドを賭けなければならなくなる。カジノ相手にたった10ポンド儲けようとして、これほどの大金を注ぎこむとなると、わたし個人はいささか不安をおぼえてしまう。あなたにそれだけの度胸があったとしても、一般的にカジノは、一度に賭けられる金額に制限をもうけていることが多い。だったら家にいたほうがましではないだろうか。

もっとも、家にいるのがかならずしも安全な策とはかぎらない。家にいてもギャンブルはできる。いつでもロシアン・ルーレットというものがある。必要なのは装填済みの拳銃と、使い捨て可能な友人2、3人だけだ。

パズル 78　あなたは2人でロシアン・ルーレットをやりますが、今回は拳銃（6発のリボルバー）の回転式弾倉に、3発の弾丸が連続して入っています。弾倉を回すのは1回だけ。それからプレーヤーの1人が、銃口を自分の頭に当て、引き金を引きます。その人が生きていれば、銃が回され、もう1人がまた銃口を自分の頭に当てて引き金を引く。どちらかが死んだ時点で、ゲームは終わり。そこで問題です。あなたは最初に引き金を引いたほうがいいでしょうか、それとも2番目のほうがいいでしょうか？

「大数の法則」テーブルは消滅するか？

　1654年にスイスで生まれたヤコブ・ベルヌーイは、当時の一流の数学者で、ライプニッツが新たに発見した複雑な微分法を最初に理解したひとりだった（いまでは大学進学レベルの知識だが、ほとんどの人はその背後にある理屈がわかるというふりすらしようとしない）。ベルヌーイは人生の大半を、やはり才能のあった弟ヨハンとの激しい競争に費やした。家族の平和を保ちたければ、兄と弟は別々の道を歩むのに越したことはないし、こういうふたりの兄弟の競争心が特に強いことは目に見えている。なのにどちらも数学者の道を選んでしまった。その結果もたらされたのは、おたがいを出し抜こうとする策謀、ののしり合い、気まずい日曜日の家族での昼食だった。

> **パズル 79**　知らない人があなたを呼びとめ、わたしには子どもが2人いる、少なくとも1人は女の子だ、と言いました。この人の子どもが2人とも娘である確率はいくつでしょう？

　統計や確率の分野で、ヤコブ・ベルヌーイが果たした最も重要な貢献は、大数の法則だった。この法則は、「多く試行するほど、成功と試行の割合は、理論上の確率の値に近づく」というものだ。たとえば、まともなサ

イコロを振って5が出る確率が1/6であることはわかる。これは、サイコロを6回振るたびにかならず5が1回出る、という意味ではない。しかしベルヌーイの法則によると、サイコロを多く振れば振るほど、5が出る回数とサイコロを振った回数の割合は、理論上の割合である1/6に近づいていくという意味なのだ。

たとえば、サイコロを12回振って（つまり、あまり大きな数でない場合）5が何回出るかというとき、それが確率の理論から予想される2という回数ではなく、異様に多く出たり、まったく出なかったりするのは大いにありうることだ。この場合、実際に起こることと、理論上起こるべきことには大きな開きがある。もし5が4回出たとすると、5の出る回数とサイコロを振った回数の割合は4/12、つまり1/3となる。1/6とはずいぶんちがった数字だ。もし5が1回だけ出たとすると、5の回数とサイコロを振った回数の割合は1/12——これもやはり、理論上出るとされる1/6とは大きな開きがある。

しかしサイコロを120回振れば、5の出る回数と振った回数の割合は、ずっと1/6に近くなるだろう。5がきっかり20回出る（理論上予想される回数）ことはまずないだろうが、かなり近い回数——たとえば、15から25のあいだ——になる見込みはきわめて高い。もし5が15回出たとしたら、5の出る回数と振った回数の割合は15/120、つまり1/8になり、もし5が25回出たとしたら、5の回数と振った回数の割合は25/120、つまり1/4.8になる。こうした割合は、さっきの例（1/12と

1/13)よりもずっと理論上の数字に近い。サイコロを振る回数を増やしつづければ、現実に5が出る回数と振った数の割合は、5の回数と振った回数の理論上の割合にますます近づく。

　この法則に従っていけば、確率の実用性は無限に広がる。もう前もっていろいろな場合の数を知らなくてはと思いわずらう必要がなくなるからだ。樹形図も一覧表も、どんな種類の図表も書かずにすむ。その理由をお教えしよう。買い物客で一杯の巨大なスーパーマーケットを想像してみてほしい。客たちは商品の棚にはさまれた果てしない通路を進んでいくが、その端には50台のレジがずらりと並び、50人の無関心なレジ係が待ちかまえている。あるひとりの買い物客が、どのレジを使おうとするだろうか。まっとうに考えれば、どのレジも1/50の確率ということになるが、それを正確に予測する方法はない。その選択に影響をおよぼす要素が多すぎる——最後に買った商品、列の長さ、数字にまつわる迷信、34番レジにいる女性の顔のひげが気に入らない、などといった要素が。

　だがありがたいことに、何も予測する必要はない。ある買い物客が29番レジを使おうと決める確率を知りたいとしよう。そのためには、このレジを使う人が全部で何人か（ここでは43人とする）、すべてのレジを使う人が全体で何人か（1500人）を記録する必要がある。そうすれば、この店に何かよほど変わったことがあって、買い物客のレジの選びかたに影響をおよぼさないかぎり、

当の買い物客が29番レジを使う確率は43/1500だと言ってほぼまちがいない。より正確な数字が知りたくて、しかもひまをもて余しているなら、さらに大勢の人数を数えてもいい。

ところで、確率に対するこうした姿勢は、実のところ常識的な感覚の延長にすぎない。人はほぼずっと、その理由を説明する法則がニュートンによって発見される以前から、朝になれば太陽が昇るという確信をもってきた。この場合の議論はシンプルなものだ。太陽はこれまで、自分が生まれる前から、親が生まれる前から、おそらく歴史が始まってからずっと毎日昇ってきた。だからたぶん明日も昇るだろう——そうはならないかもしれないと考えられるほどの特別な変化が、この宇宙に起こらないかぎりは。

こうした思考の背後には、ひとつの重要な前提がある。宇宙は秩序立った体系だということだ。もしそうでなければ、さっきのような議論の根拠は成り立たない。過去の事象からはなんの推論も導き出せない。過去の出来事は未来に起こることに何も影響しないからだ。わたしたちはバートランド・ラッセルの有名なニワトリと同じ境遇にいる。このニワトリは、農夫がいつも最高級の穀物をたっぷり持ってきてくれるものだから、のんびりした毎日がずっと続いていくものと勘違いしている。そして最後の日になって、農夫の手がその首に荒々しくかけられた瞬間に、ようやく自分の犯した誤りに気づく。だがその発見を家族や友だちに知らせるチャンスは、もはや

ない。だからニワトリたちは、喉首をつかまれてねぐらから運ばれていくとき、あれほど大きな驚きの悲鳴をあげるのだ。

　だが、この世界でのおのれの境遇とニワトリの境遇との共通点に思いをはせて落ちこむかわりに、わたしたちを取り巻く環境には規則的なパターンがあることを信じようではないか。そうすればこの先ずっと、大数の法則が、日々の雑事をこなすうえで助けになってくれる。ラプラスはこんな役に立つ指摘を行っている。いつも楽しそうな人たちを雇うことは、わたしたちのためになる、と。日々を楽しく過ごせる割合の高い人は、その人生の環境がよほど大きく変わらないかぎり、たぶんずっと楽しくやっていくだろうからだ。

　大数の法則は、わたしたちがすでに知っていると思っていた事柄に、理論的な基礎を与えるだけではない。それよりずっと意義深いものだ。たとえば、ニュートンが重力を発見し、それを用いて惑星がなぜあのような動きかたをするかを説明したときは、だれもが大いに興奮した。まさに科学という帽子を彩るはなやかな羽根飾りだった。このニュートンの業績から、ほかの者たちがさらに前進を果たすだろう、この法則によってあらゆることが究極的に説明できるだろう、とだれもが感じた。

　たとえば、これらの法則から、気体の動きが説明できるという期待があった。気体とはひとえに、移動し衝突する粒子の集合であり、その内情は宇宙空間での惑星の動きと大差ないだろうと。だが、気体のなかに存在する

粒子の数や衝突のために、その期待は壁にぶつかってしまう。ニュートンの法則を当てはめて、気体にふくまれる個々の粒子すべての動きを追跡しようとするには、現実の状態は複雑すぎるのだ。

そこで別の方法が必要になる。スーパーマーケットでの買い物客ひとりの動きを予想するのは不可能だが、一定の時間内に多くの買い物客がどう動くかを予想することはまったく可能だ。それと同様に、個々の粒子すべての動きはわからなくても、ある量の気体ぜんたいの動きを予想することはできる。あらゆる粒子が平均的な粒子で、平均的な重さ、平均的な速さ、その他平均的なすべてを備えていて、その平均的な粒子にニュートンの法則が適用できるとすれば、そのとき得られた結果は当の気体ぜんたいにも当てはまる。

言いかえるなら、粒子の大部分がどういった動きをする見込みが高いかをつきとめ、そして実際にそのとおりになると仮定するということだ。これはかなりリスクが大きいと思えるかもしれないが、そこにふくまれる粒子の数が膨大なために、結果は正しいものになる。ニュートンとその法則による予測におとらないほど確実な予想といえるのだ。

実のところ、よくよくじっと見ていれば、まったく確かで問題がないように思える事物でも、急にきわめて不確かなものになってくる。たとえば、テーブルはごく平均的な物体だ。そこから何か驚くようなことが起こるなどとは、だれも期待しないだろう。だがその点でいえば、

そう断言できるほどの確かな理由もないのだ。とどのつまりテーブルとは、電子の力でまとめられている粒子の束にすぎない。いつ何時でも、そうしたひと握りの粒子が、テーブルの本体から飛び出すほどのエネルギーをもつことはありうる。言いかえるなら、どの粒子でも、テーブルの本体を見捨てて離れていく可能性がごくわずかながら存在するのだ。しかし1つの粒子にそんな現象が起こる確率が小さいものだとすれば、ある瞬間にすべての粒子がテーブルの本体から離れようと決める確率はゼロに近くなる。万が一そんなことが起ころうものなら、テーブルそのものが消えてしまうだろう。

そういう視点から眺めると、家のなかの家具が急にあやしく見えてくる。だが幸いにも確率は、気体のふるまいと同様、テーブルのふるまいにも当てはめられる。テーブルが消えないのは、それを構成する粒子が最も高い確率で何をするかによってそのふるまいが決定されるからだ。確率に感謝するべき理由は少なくない。

生命保険の値段を決める方法と統計

この宇宙をつなぎ合わせること以外にも、大数の法則はたくさんの応用がきくのだが、そのなかには楽しいものもあれば、痛みをともなうものもある。必要なのは情報だけ。そうすればたちまち、未来を見通すという試みを実行できるのだ。

エドマンド・ハレー（1656 - 1742）は、1693年にその試みを実践した。あのハレー彗星を発見したことで有名な人物だが、数学の分野でも目覚ましい業績を残し、自分をはるかに上回るニュートンの数学的天才を認めるという才を発揮したほか（彼に『数学的諸原理（プリンキピア・マテマティカ）』を書くようにすすめ、その出版費用を自分のポケットマネーから出した）、史上初めて「生命表」を作成した。そしてその成果を出版し、こんな印象的な題名をつけた。「ブレスラウ市の出生と死を示す興味深い生命表から抽出された、人の死亡の程度にまつわる評価：および生命保険料を確定する試み」
　ミスター・ハレーは、ある人物がある年齢まで生きる公算がどのくらいかを大まかに見積もることができれば、非常に役立つだろうと考えた。そしてその目的を果たすために、かなりの時間をかけて、さまざまな出生や死亡についてのくわしい情報源を探した。当時のロンドンの記録は、適当とはいえなかった。ある人物が死んだときの記録が残っていないことが多く、また「この街で死ぬ異邦人の、予想外の急激な増加」があったためだ。ハレーは外国人がロンドンに働きにくるのを嫌っていたわけではない。だが、外国人がロンドンで死ぬ傾向があるとすれば、この街で生まれたのでない人たちの葬式がきわめて多いということだ。こうした状態では、彼の目的にかなう記録は台なしになってしまう。したがって、ほかの場所を探さざるをえなかった。
　ハレーに必要なのは、きちんと記録をつけるのが好き

な住民のいる、孤立した静かな場所だった。探しに探した結果、ようやくドイツのブレスラウという街が見つかった〔現在はポーランド領〕。「海からきわめて遠く、望みうるかぎり最も内陸部にあり、したがって異邦人の影響はごく小さい」。ハレーの推測はこうだった——ブレスラウで生まれた人は、おそらくこの街で死ぬだろうし、よその場所で生まれた人間なら、この街に移り住みたいとは思わない。これこそまさしく自分に必要なものだと。ついでにいえば、ブレスラウの役所は記録を保管するのが大好きだった。

　ブレスラウの良心的な市民のおかげで、ハレーは、この街に住むそれぞれの年齢の人たちが何歳まで生きるかを正確に算出できた。そしてその情報から、ある年齢の住民がある期間生きる確率を知ることができたのだ。たとえば、40歳の男性があと7年生きる確率は377/445である。なぜなら記録によると、ブレスラウに住む40歳の人たち445人のうち、47歳まで生き長らえたのは377人だけだったからだ。

　こうした情報をもとに、生命保険の料金は算出される。現在の保険会社はもはやブレスラウの記録に頼ってはいない。はるかに厖大な出生と死亡のデータベースにアクセスし、より精密な人口分析を利用しているのだ。性別、社会階層、ライフスタイルなどの要素が寿命におよぼす影響の統計ももっている。しかし保険料の計算のしかたは、ハレーが何百年も前に考えたのと基本的には同じものだ。

ある顧客が、ある金額の保険を依頼する。保険業者は単純に、自分がその金額を失う確率を計算し、その出費をまかなえるだけの1年分の保険料を割り出す。基礎となる顧客がある程度確保できれば、大数の法則によって自分が損をしないことが保証され、業者は枕を高くして眠れるわけだ。

たとえば、ブレスラウの善良な市民のひとりがミスター・ハレーのところにやってくるとしよう。彼は40歳で、自分の死にまつわることは何も考えずに、来年1年のあいだ100クラウンの生命保険をかけたいと依頼する。ミスター・ハレーは生命表を見て、その市民が来年のうちに死に、自分が保険金を失う確率は9/445だと考える。そういう市民が445人やってきて、同じ要請をしたとすれば、彼はその年に900クラウンの保険金を支払うことになると予想される。ここで1人分の保険料を計算するには、この出費を445人で分けることが必要だ。つまり、急な階段を上ってきたあとで少し汗ばみながら、ハレーの机の前に立っているこの40歳の市民は、900÷445＝2.02クラウンの保険料を払う必要がある。だがミスター・ハレー自身、生計を立てなければならないので、2.5クラウンほど要求しても許されるだろう。それでみんなが幸せになれる。

ひどく冷徹なビジネスであるのは確かだが、ハレーは金のためだけにこれを考え出したわけではない。生命表の統計を根拠に、まっとうなアドバイスを与えることもできたのだ。「われわれが人生の短さについて不平をこ

ぼし、わが身が高齢に達しないことを云々(うんぬん)するのは、いかに不当であることか。現実を見るかぎり、生を享けた者の半数は17歳までに死んでしまうのだ……したがって、いわゆる早死にがどうのと不平をこぼすかわりに、忍耐と平静をもって、この運命に従うべきだ。それがわれわれの朽ちやすい肉体、ひどくもろい構造および構成にとって必要な条件であり……」彼はまた、「極度に禁欲的な生活はやめるべきだ」とも言っている。もし彼がこの時代に生きていれば、その見解に反対する人は多くないのではないかと思う。

パズル 80　ケーキが1切れ残っています。手作りの、お祖母さんのチョコレートアイシングがけで、あなたはそれがほしくてしかたありません。でもあなたの友だちも同じ気持ちなので、コインを投げて決めることにします。あなたの手もとにある唯一のコインは表裏の出かたが偏っていて、表が出る確率が7/10、裏が出る確率が3/10です。どちらがケーキにありつくかをコイン投げで公平に決めるには、どうすればいいでしょう？　コインは2回投げていいこととします。

パズル 81　あなたが友だち2人と食事をしたあと、30ポンドの請求書がきました。それで1人あたり10ポンドずつ置いて、店を出ます。そのときウェイターが、まちがってカラマリの値段を二重につけてしまったこと、正しい請求額は25ポンドであることに気づきます。ウェイターは走ってあなたたちに

追いつき、5 ポンドを 3 人で割ることはむりなので、3 人に 1 ポンドずつ返し、残りの 2 ポンドは自分がもらうと言います。これであなたと友人たちは 1 人あたり 9 ポンド、合計すると 27 ポンド支払い、いっぽうウェイターは 2 ポンドを自分のものにします。金額は全体で 29 ドルですが、あなたたちが最初に払ったのは 30 ポンドでした。あとの 1 ポンドはどうなったのでしょう？

パズル 82　ルワンダでは、地方裁判所の裁判官団は、9 人の誠実な人たちからなっています。この 9 人のなかから、まず裁判長が無作為に選ばれ、それから副裁判長 2 人、書記が 2 人選ばれます。裁判官団に女性が 4 人いて、裁判長が男性で、副裁判長が男女各 1 人だとすると、2 人の書記に男性 1 人、女性 1 人が選ばれる確率はいくつでしょう？

おわりに

　さあ、これでおしまいだ。あなたはついに、最後まで歩きとおした。これであなたがかつて教室で味わった苦い記憶を箱に押しこめ、マスキングテープで二重に封をしてしまえる。今後もう二度と、その中身を見る必要はない。

　あなたは頭を高く上げ、教室から出ていくことができる。いまはこの世界が投げかけるどんな計算でも解けるという自信をもっていい。キャンディやビー玉もまたたく間に分けられる。ピザの切り分けもなんの問題もない。小数の足し算もできる。百分率の意味もバッチリ。代数学にすらもう悩まされずにすむ。

　変わったのは、あなたの世界の見方だけではない。世界もあなたをちがった目で見るようになるだろう。モノポリーでおかしな戦略を立てたりまちがったビッドをしたりして、頭のいい叔父さんににらまれ、身をすくませる必要もない。カジノへ行けば、あなたのギャンブラーの才能に友人たちが目をみはるだろう（ただしあまり習慣にはしないように）。これはすばらしい偉業だが、それでもお祝いに「エウレカ！」と叫び、裸で街なかを走り回ることはおすすめできない。古代ギリシア人たちはこうした事柄を、現代のわたしたちよりずっとよく理解

していたのだ。
　全般的に見て、あなたはより賢く、より幸福で、より洗練された人物になった。あなたの口笛の音は自信に満ち、足取りは活発になり、声には威厳がくわわった。だから、もしスーパーマーケットの外で道行く人に暗算をしてくれと頼んでいる男を見かけたときは、カートの列の後ろに飛びこみ、ビニール袋の陰に隠れたりしないでほしい。警察に通報して、その男が公的不法妨害のかどで手錠をかけられて連行されるような目にあわせるのもやめてほしい——それもりっぱな市民の権利ではあるだろうけれど。かわりにその男のもとに歩み寄り、目をまっすぐ見すえ、手もとにあるなかでいちばん難しい問題を出せと言ってやってほしい。そして正解をつきつけ、相手の向こうずねを蹴とばし、ペンを奪い取ってほしい。それこそが正しい行いなのだ。

パズルの出典

　パズルの問題はすべて、ローレンス・ポッターが作成、採用したものだが、例外は3、10、16、27、32で、"The Penguin Book of Curious and Interesting Puzzles"でも見ることができる。

訳者あとがき

　私事ながら、訳者にも小学生の息子がいる。いちおう父親の務めとして、たまに算数の宿題を見てやったりもするのだが、これがなかなか一筋縄ではいかない。計算問題なら、解きかたぐらいはなんとか説明できる。ただ、「なぜそうすると答えが出るのか」がすっきり説明できないのだ。息子もなんだか煮えきらなさそうな顔をしている。

　たとえば分数の割り算なら、なぜ「分数の分子と分母をひっくり返して掛ける」と、正しい答えが出るのか？　二つのことが続けて起こる確率を出すには、なぜそれぞれの確率を足すのでなく、掛けなくてはならないのか？　自分がやってもあやしいのに、初めての子どもたちに伝えるとなると、正直お手上げだ。

　もし、これと同じような経験がおありなら、この本はあなたのための本である。

　訳出のためにこの本を読んでみて、あらためてよくわかったことがある。「算数―数学」は、決して私たち一般人の日常的な感覚だけで、当たり前のようにマスターできるものではないということだ。学校で教わる単元のひとつひとつが、何千年にもおよぶ、先人の努力の積み重ねの賜物である。天才と呼ばれる過去の数学者たちも、掛け算の筆算や方程式を前に、数えきれないほど試行錯誤を重ねてきた。そんな問題を、十歳そこそこの子ども

たちが（とりあえずでも）解いてみせているとしたら、それはある意味、大した離れ業といっていいことなのだ。

そう考えれば、たとえお子さんが分数の割り算でつまずいても、やさしくできるだろうし、その意味を教えてやれない自分自身にも、寛大な気持ちになれるのじゃないだろうか。そう、やはり求められるのは、その道のプロの技術である。

この本には、小学校で習う計算から中学校で習う方程式や確率まで、さまざまな問題の解きかただけでなく、その根底にある考えかたが紹介されている。その説明も、ただの教科書的なものではない。先人たちの苦労を踏まえたうえで、「日常的な」感覚でもすんなり納得できるよう、工夫をこらしてあるのだ。だから、算数アレルギーが取り除かれたうえに、明日からはちょっとした計算にも自信をもてるようになる。「はじめに」で著者が書いているように、本書は算数が苦手な人のためのセラピーでもあるのだ。

さらにもうひとつ、この本にはなんと八十以上にもおよぶ、算数─数学をベースにしたパズルの問題が掲載されている。算数のセラピーに少し疲れたときには、いい息抜きになるだろう。ただし、息抜きというには、少しばかり骨があるかもしれないが。

最後に、この本の著者、ローレンス・ポッターの紹介を。経歴を見るかぎり、相当控えめにいっても、ユニークな人物であることはまちがいない。イギリスに生まれ、オックスフォードで古典を学びながら、根っからの放浪

家らしく、中米やルーマニアを転々とした。

その後アメリカに渡り、ニューメキシコでネイティブアメリカンの文化に触れ、ラスヴェガスでルーレットに興じる。そしてサンタフェのはずれでインディアンのダンスに加わっている最中に、「わが人生の目的は数学の先生になること」というインスピレーションを得たらしい。その後さっそくイギリスにもどり、教職の課程を取る。

最初に赴任したサウスロンドンの学校では、なかなか苦労が多かったらしい。が、生来の放浪癖はいっこうにやまず、あげくにはルワンダの学校で数学を教えるようになり、女子サッカーのコーチまで務めたとのことだ（成績はぱっとしなかったようだが）。現在はまた、サウスロンドンで教えている。まだ30代前半だというが、年齢に似合わず、数学教師としての経験はじつに豊富だ。

また、この経歴を見れば、パズルのなかにしばしば表れるルワンダへのこだわりも、うなずけるものがある。いかにもイギリス流の、いささかもってまわったユーモアも、慣れればそれほど気にならない。いや、人によっては笑えなくもないだろう。算数の「セラピー」を受けるかたわら、そうした著者の独特な感性も楽しんでいただければ幸いである。

2008年8月

谷川漣

パズルの答え

1 | 60日（3、4、5の最小公倍数、103ページを参照）。
2 | 2人の囚人が4隅の部屋に入る。
3 | ［解答例］

```
        ⑤
       ⑦ ③
      ⑥   ④
    ②-⑨-①-⑧
```

4 | 1人あたり20個のゴミ箱を運ぶ。ゴミを均等に分けるには、半分詰まった箱20個を1人目に、一杯の箱10個と空の箱10個を2人目に、やはり一杯の箱10個と空の箱10個を3人目に割り当てる。
5 | 94個。あなたが5人のいとこに1人ずつ会ったあとで残ったプレゼントの数は、つぎのとおり——46個、22個、10個、4個、1個。
6 | a　586
　　　b　3ジャクソン五、3ハイ五、4五、3
7 | A＝4、B＝8、C＝9、D＝1、E＝3、F＝6、G＝5
8 | A君が見つけたチョコレートは8個、B君は12個、Cさんは5個、Dさんは20個。
9 | a　104匹
　　　b　26ポイント
10 | 長い鎖を最も安上がりに作るには、1本の鎖の環をすべて切り開き、その環を利用して、残りの5本の鎖をたがいにつなぎ合わせればいい。そうすれば、新しい鎖を買ったときより20セントの節約になる。
11 | 215枚のポテトチップを食べた。

12 | 彼が求める穀粒は、18,446,744,073,709,551,615 粒になる。これは全世界で数年かかってとれる量よりも多い。

13 | 早く計算する方法の一例は、100 を 1 と組み合わせ、さらに 99 と 2、98 と 3、97 と 4 というぐあいに組み合わせていく。どの組み合わせも足すと 101 になり、全体の数は 50 組できる（最後は 50 と 51）。したがって、すべての数の合計は 50×101 = 5050。

14 | 21 の「1」を書くことになる。

15 | 「2 掛ける 4 羽と 20 羽」という数は、28 か 48 をさすのだろうが、7 で割りきれるのは 28 だけなので、この詩は前者の意味でなければならない。そして 4 羽が殺され、24 羽が飛び去った。「残った」のは死んだ 4 羽である。

16 | 逃げ出したのは 893 人。

17 | 54×3 = 162

18 |

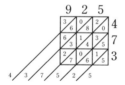

19 | ある数が 8 で割りきれるなら、その数は 4、2 でも割りきれる。ある数が 9 で割りきれるなら、その数は 3 でも割り切れる。8、9 で割りきれる数は、2、3 で割りきれ、したがって 6 でも割りきれる。つまりあなたが求めようとする数は、5、7、8、9 で割りきれる数である。これらの数の最小公倍数は 2520。

20 | 14 人からなる隊列。

パズルの答え 257

21 サイコロは15個もらえる——最初の48枚の引換券から12個、さらに追加でもらう12枚の引換券から3個。

22 村人は1人あたり32cmのソーセージをもらえる。

23 [解答例] 5リットルの容器をA、3リットルのペンキ缶をBとしよう。Aを油で一杯にしたあと、AからBに注いで一杯にし、余った2リットルを残す。それからBの中身をおけにもどし、Aの2リットルをBに注ぐ。つぎに、Aを一杯にし、AからBに注いで一杯にする。Bを一杯にするには1リットルですむので、Aには4リットル残る（黄色のペンキと潤滑油の臭いもだ）。

24 豆が1100g、玉ねぎ22個、トマト33個、ブラウンシュガー大さじ16 1/2杯、ミックススパイス大さじ11杯、塩小さじ16 1/2杯が必要になる。みんな、こんなうまい豆は食べたことがない、もしかわりに七面鳥を出されても断る、と言ってくれた。

25 犬は460g、猫は115g。もっとも、夢に出てきた動物のお願いをちゃんと聞き入れなくてはならないわけではない。

26 人生にもっと充足感を求めているのは126人。

27 1回。左から3番目のコップを持ち上げて、中身を右はしのコップに注ぎ、もとの位置にもどせばいい。

28 列車の最前部は2kmのトンネルを45秒で通り抜けるが、最後部はトンネルから抜け出るまでにさらに4秒かかる。全体的に見ると、列車がトンネルを完全に通り抜けるには49秒かかる。

29 480本の苗木を植えられる。

30 あなたは23マイル追うあいだに、差を8マイル縮めた。したがって40マイルを追いつくには、115マイル

かかる。だから、あと 92 マイル進まなければならなかった。

31 | グレーに塗った部分は、9/24。

32 | 99 9/9 は 100 に等しい。

33 | わたしの家の庭にいるリスのほうがずっと多ければ、わたしの庭のリスの 1/4 が、あなたの庭のリスの 1/2 より大きな数になるということは、まったく可能である。

34 | まず左端から 11 cm を測り、目印をつける。それから 7 cm の物差しを当てて、右端を目印に合わせる。さらに 11 cm の物差しを当て、両方の物差しの左端をそろえるようにする。そのとき 11 cm の物差しの右端は、目印を 4 cm 越えたところまでくる。この位置に印をつければ、11 cm に 4 cm をくわえて 15 cm になる。

35 | 60 人のうち 41 人というのは、分数の 41/60 と考えられ、205/300 に等しい。50 人のうち 33 人とは、分数の 33/50 と考えられ、198/300 に等しい。したがって、イギリス人を悪く考えているフランス人のほうが、フランス人を悪く考えているイギリス人より数が多い。つまり、イギリスにおけるフランス愛のほうが、フランスにおけるイギリス愛よりも強いということだ。

36 | 1/2+2/5 は 9/10。したがって 3 人目の候補は 1/10。

37 | 全体的に見ると、ライオンは 1 昼夜あたり 1/6 メートル登ることになる。だから、114 昼夜では 19 メートル登り、116 昼夜たった時点で 19 2/6 メートル登っている。117 日目の昼間には、穴の底から 19 5/6 メートルのところに達するが、夜のあいだにまた 19 3/6 メートルの高さまでずり落ちる。そして 118 日目の昼間に 1/2 メートル登り、穴の上まで達して抜け出すと、自

38 a b

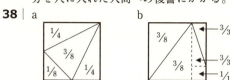

39 2+4+6+0.8=12.8　1+3+7+9/5=12.8

40

　ここにある記号はすべて、数字を鏡に対称に映したもので、欠けている数は8だけだ。これはまた、15を魔法の数とする魔方陣でもある。

41 本社はあなたに、556.5ポンドのガソリン代を払わなければならない。

42 1つめのまとめ売りは1本あたり0.64ポンド、2つめのまとめ売りは1本あたり0.69ポンドになる。頭のなかでさっと計算して、これが高すぎると思われるなら、道路わきに咲いている水仙の花を摘んで持って帰ればいい。

43 この部屋にいる、2つのちがった特徴をもつ人たちの百分率は、つぎの図で表せる。

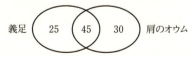

　それぞれのパーセントの数は合計すると100になら

44 去年の会費は 1208 ポンド（端数ははぶく）だった。
45 56%（端数ははぶく）。
46 長方形の面積は 10×4 で求められる。長方形の縦の長さを 20% 増やせば、新しい長さは 12 になる。面積が同じであるためには、新しい横の長さは 3 1/3 でなければならない。これはもとの長さから 16 2/3% を減らすのと同じ。
47 順番は関係ない。この 3 つの割引には、元値に 0.9、0.85、0.8 をそれぞれ掛けていくという意味がある。こうした掛け算をどんな順番でやっても、結果に変わりはない。
48 82 cm（端数ははぶく）。
49 二問とも正しく答えた生徒は 9 人で、クラス全体の 30% に当たる。したがってクラス全体は、30 人の生徒からなる。
50 会員は 1446 ポンド（端数ははぶく）を支払わなければならない。
51 わたしのもとの体重を x、バナナを食べたことで増えた重さを a とすれば、その情報から 2 つの等式が成り立つ。1 つめは $x+a+5=1.1x$、2 つめは $x+2a+5=1.11x$。この連立方程式を解けば、わたしのもとの体重は、55 5/9 kg だったとわかる。
52 $2000+20m$
53 最初に思い浮かべた数を x として、その後の一連の計算を式で表していくと、$x+4$、$2(x+4)=2x+8$、$2x$、x となる。したがって最初の数がいくつでも、最後の答えと同じになる。

パズルの答え　261

54 | 頭部の長さは6cm。

55 | すでに過ぎた時間をx時間とすれば、残りは$24-x$時間である。したがって$2x=24-x$となり、これを解くと、8時間が過ぎたことがわかる。方程式など使わず、ただ常識にもとづいて考えるだけでも、答えは出せるだろう。

56 | 漁師が魚を1匹とった日の数をxとすれば、1匹もとれなかった日の数は$(30-x)$となる。すると、彼が稼ぐお金の総額は$3x$、彼が支払うお金の総額は$2\times(30-x)$である。したがって、$3x=2x(30-x)$となり、この方程式を解けば、$x=12$。

57 | 長方形の横の長さは6cm。

58 | カエルの数をx、王子の数をyとしよう。頭が35あるなら、$x+y=35$となる。足が94本あるなら、$4x+2y=94$。この連立方程式を解けば、$x=12$、$y=23$。

59 | あなたの正式な息子の取り分をx、あなたの知らなかった息子の取り分をyとしよう。10000ポンドを2人で分けるのだから、$x+y=10000$。正式な息子の取り分の1/5が、新しい息子の取り分の1/4より1100ポンド多いのだから、$1/5x=1/4y+1100$。この連立方程式を解けば、$x=8000$、$y=2000$になる。

60 | 友人1人あたり8ドル出すと、3ドルの余りが出る。だからドリルの実際の値段は$8x-3$ドル。友人1人あたり7ドル出せば、4ドル足りなくなる。つまり実際の値段は$7x+4$ドル。したがって$8x-3=7x+4$となり、これを解くと、$x=7$。

61 | 2つの香水を調合するのに、1つめの香水びんx本の中身と、2つめの香水びんy本の中身を混ぜ合わせるとしよう。そうしてできた新しい香水すべての値段は

$10x+4y$、びんの数は $x+y$ となる。したがって、調合された香水1本あたりの値段は $(10x+4y)/(x+y)$ で、これは6ポンドに等しい。この方程式を整理すると、$2x=y$ であることがわかる。したがって新しい香水には、2つめの香水が1つめの香水の2倍の量ふくまれなければならない。言いかえれば、2つの香水を1：2で混ぜ合わせた香水の値段が、6ポンドになる。

62

F	B	J
C	A	E
G	D	H

正方形Aの1辺の長さは x なので、面積は x^2。長方形B、C、D、Eの辺の長さはどれも x と2.5なので、面積はどれも $2.5x$。B、C、D、Eの面積の合計は $10x$ になる。もとの問題によると、$x^2+10x=39$ なので、正方形Aと長方形B、C、D、Eを合わせた面積は39。小さな正方形F、G、H、Jはそれぞれ1辺が2.5なので、それぞれ面積は6.25。正方形F、G、H、Jの面積の合計は25。大きな正方形（A）と長方形（B、C、D、E）と小さな正方形（F、G、H、J）をすべて合わせた面積は、$39+25=64$。だがこの面積の合計は平方数である。これがもし正方形だとすれば、1辺は8でなければならない。その正方形の1辺は $2.5+x+2.5$ に等しいので、$x=3$ となる。

63 6つのイヤリングを取り出す必要がある。

64 バートはいつも一度に3マスずつ駒を進める。アーニーは、1から6までの数のうちどの数も出る確率は同じで、その数の分だけ前に進む。したがって一度に平

均 3.5 マス進むので、アーニーのほうが勝つ見込みが大きい。

65 賞品が当たる確率は 3/120。

66 ソーセージでない確率は 89/138。

67 ロングレッグズが勝つ見込みが 1 だとすれば、ハイフーフが勝つ見込みは 2 で、レイシーロッダーズが勝つ見込みは 4 である。したがって、レイシーロッダーズが勝つ確率は 4/7 なので、この馬が勝たない確率は 3/7 となる。

68 時間はいくらでも残されている。船は海面といっしょに上昇するが、梯子も船といっしょに上昇するからだ。それにほら、もう時計ワニのチクタクという音が聞こえてきた。フック船長が真っ青になっているのが見える。

69 女性の管理職が選ばれる確率は 36/350。

70 プレーヤー A と B がつぎの 1 点を争い、もしプレーヤー A が勝てば、わたしたちが前に扱ったのと同じ状況になり、プレーヤー A が 56 ピストールとる資格ができる。もしプレーヤー A が負ければ、両者とも得点が 1 点になるので、どちらも 32 ピストールずつを要求できる。したがってプレーヤー A は、32 ピストールは確実に自分のものだと主張できる。彼はさらに 24 ピストールとれる可能性もあるので (56 とる場合)、そのうちの半分である 12 をポケットに収める資格がある。まとめると、プレーヤー A は 44 ピストールを受け取り、プレーヤー B は 20 ピストールを受け取ればいい。

71 ハンターが南へ向かい、そのあと東へ、さらにそのあと北へ向かって家へ帰れるとしたら、その家は北極点

にあるということだ。つまり、熊はホッキョクグマでなくてはならない。したがって、色は白……

72│2人の出会いは、もうこれ以上殺しが起こらないというときまで続く。平和主義者と出会ってもなんら害はないので、心配は無用だ。とにかく殺人者に気をつけなければならない。ところで、2人の殺人者が出会うたびにどちらも死ぬのだから、殺人者の数は次第に2人ずつ減っていく。殺人者の数は奇数なので、いずれは最後の1人が残って、ひたすら殺しをくりかえす。だれも止める人間がいないからだ。あなたが運よく死んだ100人の殺人者を避けてこられたとしても、いずれはこの最後の1人に出くわす。そのときには、あなたが平和主義者であろうと殺人者であろうと、結果は同じ、ゲームオーバーだ。あなたが生きのびる確率はゼロである。むしろあなたが殺人者となって彼を道連れにし、何人かの平和主義者の命を救ったほうがいいかもしれない。

73│豪華な長距離バスに乗る確率は1/2。1日のあいだに、豪華なバスが発車する回数とおんぼろのマイクロバスが発車する回数は同じだから。

74│合計18人のうち、男性であるか、白髪頭の女性であるか、白髪頭の男性である人は合わせて12人である。したがってその確率は12/18。

75│黒い豆が2つ取り出される確率は42/90で、赤い豆が2つ取り出される確率は6/90。つまり同じ色の豆が2つ取り出される確率は、48/90になる。

76│a　サイコロのどの目もおよそ4つ出ると期待されるので、最初のビッドとしては、「何かが8つ」(だが「1が8つ」はなし) がいいだろう。

b　サイコロのどの目もおよそ3つか4つ出ると期待される。だから3が6つある見込みは高い。あなた自身のサイコロのなかに3が2つあるというなら、なおさらだ。ここはビッドを「何かが6つ」か、あるいは「何かが7つ」にまで上げるのがベストだろう（「1が6つ」と「1が7つ」は除く）。

c　どの目もおよそ3つ出ると期待される。「5が7つ」は、その期待よりもほんの少し多い。あなた自身のサイコロを考慮に入れたほうがいいだろう。あなたのサイコロを除外すれば、テーブルにあるサイコロは15個で、そこから考えると、あなたの前の人のコールは「5が6つ」が正しいだろう（あなたのサイコロには5が1つあるので）。15個のサイコロからは、どの目も1つか2つ、3つは出ると期待されるので、あなたの前の人にチャレンジするべきか、さらに高くビッドするべきかは、なかなか判断しづらい。あとは直感に頼らざるをえないが、比較的安全なコールは「6が7つ」だろう。これでつぎの人は、いまのあなたとまったく同じ状況に立たされることになる。

77｜ある生徒が2つのうち少なくとも1つを好きである確率は58/60。

78｜拳銃の弾倉に3発の弾丸が連続して入っているという情報から、弾丸が円を描くような並び順は6通りになる（弾丸＝○、空＝×）。

①○○○×××　②×○○○××　③××○○○×
④×××○○○　⑤×××○○　⑥○○××○

弾丸は円を描いて並んでいるので、⑤と⑥もありうる。こうした並びかたであれば、3発の弾丸がかならず隣どうしに並ぶことになる。最初のプレーヤーは、①、③、⑤、⑥の並び順のときに死ぬ。2番目のプレーヤーが死ぬのは、②、④の並び順のときだ。したがって、2番目のほうがいいだろう。その場合、あなたが生きのびる確率は 4/6 となる。

79 少なくとも1人は女の子なので、可能な生まれ順は「男・女」「女・男」「女・女」の3通りで、どれも可能性は等しい。したがって彼の子どもが2人とも娘である確率は 1/3。

80 コインを2回投げたときに起こりうる場合を、樹形図で示してみよう。

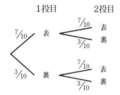

この樹形図から、表‒裏と出る確率は、裏‒表と出る確率（7/10×3/10）と同じであることがわかる。いっぽう表‒表と出る確率は、裏‒裏と出る確率とはちがっている。公平を期するためには、コインを2回投げる。あなたと友だちのどちらかが表と言い、もうひとりが裏と言う。もし表‒表か裏‒裏になったら、その結果を捨てて、またやりなおす。だがもし表‒裏か裏‒表になったら、どちらの場合も同様に確からしいので、その1投目の結果を採用する（つまり、「表」を選んだ人は「表‒裏」に賭けることになり、「裏」

を選んだ人は「裏 - 表」に賭けることになる）。
81 お金を合計すると 30 ポンドになるというのはウソ。あなたたち 3 人が使ったのは 27 ポンドで、そのうちの 25 ポンドを食事に支払い、残りの 2 ポンドがウェイターのものになった。
82 すでに裁判長と副裁判長が選ばれているので、書記は女性 3 人、男性 3 人から選ばれる。問題にある条件を満たす場合の数は 2 つ。1 人目の秘書が男性で、2 人目の秘書が女性である場合（確率は 3/6×3/5、つまり 9/30）。そして、1 人目の秘書が女性で、2 人目の秘書が男性である場合（確率は 3/6×3/5、つまり 9/30）。したがって書記に男女 1 人ずつが選ばれ、職場で秘密の関係にふけることのできる確率は 18/30 となる。

図表トレース──広田正康
本文デザイン──佐野佳子（Malpu Design）

＊本書は、二〇〇八年に当社より刊行した著作を文庫化したものです。

草思社文庫

学校では教えてくれなかった算数

2016 年 12 月 8 日　第 1 刷発行
2017 年 9 月 11 日　第 5 刷発行

著　者　ローレンス・ポッター
訳　者　谷川　漣
発行者　藤田　博
発行所　株式会社 草思社
〒160-0022　東京都新宿区新宿5-3-15
電話　03(4580)7680(編集)
　　　03(4580)7676(営業)
http://www.soshisha.com/

本文印刷　株式会社 三陽社
付物印刷　株式会社 暁印刷
製本所　株式会社 坂田製本

本体表紙デザイン　間村俊一

2008, 2016 © Soshisha
ISBN978-4-7942-2245-9　Printed in Japan

草思社文庫既刊

放浪の天才数学者エルデシュ
ポール・ホフマン　平石律子=訳

鞄一つで世界中を放浪しながら、一日一九時間、数学の問題に没頭した数学者、ポール・エルデシュ。子供とコーヒーと数学を愛し、やさしさと機知に富んだ天才のたぐいまれな生涯をたどる。

生命40億年全史（上・下）
リチャード・フォーティ　渡辺政隆=訳

地球は宇宙の塵から始まった。地獄釜のような地で塵から生命が生まれ、豊穣の海で進化を重ね、陸地に上がるまで――。40億年前の遙かなる地球の姿を大英自然史博物館の古生物学者が語り尽くす。

宇宙を織りなすもの（上・下）
時間と空間の正体
ブライアン・グリーン　青木薫=訳

空間とは何か？　時間とは何か？　この謎の歴史と現在を、圧倒的表現力で描く。ニュートン以来の探究が到達した高みから、世界の「真の姿」を一望させる現代物理学の最高の案内書。

草思社文庫既刊

タイムマシンのつくりかた
ポール・デイヴィス　林一＝訳

時間とは何か、「いま」とは何か？　理論物理学者がアインシュタインからホーキングまでの現代物理学理論を駆使して「もっとも現実的なタイムマシンのつくりかた」を紹介。現代物理学の最先端がわかる一冊。

思考する機械　コンピュータ
ダニエル・ヒリス　倉骨彰＝訳

コンピュータは思考プロセスを加速・拡大し、我々の想像力を飛躍的に高め、未知の世界にまで思考を広げてくれる――。最も複雑な機械であり、その本質は驚くほど単純なコンピュータの可能性を解き明かす。

機械より人間らしくなれるか？
ブライアン・クリスチャン　吉田晋治＝訳

AI（人工知能）が進化するにつれ、「人間にしかできないこと」が減っていく。AIは人間を超えるのか。そして、いつしか「人間らしさ」さえ凌駕する…？　AI時代における「人間らしさ」の意味を問う。